U0297029

 国家示范性高等职业院校核心课程"十三五"规划教材
——电子电气类

模拟电子技术应用及项目训练

（第二版）

主　编○张晓琴　　肖前军
副主编○伍小兵　　陈媛媛　　潘　玲
主　审○易　谷　　刘幕尹

西南交通大学出版社
·成　都·

内 容 简 介

全书包括 6 个学习项目，书中以常用电子小产品为载体，介绍了模拟电子技术中常用电子元器件及应用电路的分析与制作。项目 1 为电子保健小夜灯的分析与制作，主要介绍二极管的特性及其应用；项目 2 为路灯自动控制器的分析与制作，主要介绍三极管的特性及其应用；项目 3 为温控电路的分析与制作，主要介绍集成运算放大器的特性及其应用；项目 4 为正弦波信号发生器的分析与制作，主要介绍负反馈及正弦波振荡电路；项目 5 为直流稳压电源的设计与制作，主要介绍线性直流稳压电源、开关型直流电源的设计与制作；项目 6 为台灯调光电路的分析与制作，主要介绍晶闸管的特性及其应用。书中每个项目均以任务为驱动，在基础训练的基础上完成任务的实施，最后进行验收和评估。每个基础训练中都有理论学习、技能训练及课后练习，每个任务完成后都有扩展性的思考题。

本书可与《数字电子技术应用及项目训练》（第二版）一书配套使用，作为高等职业院校工科类相关专业"电子技术"课程的教材，本书还可作为中等职业学校相关专业的提高性教材及自学考试或电子爱好者的学习用书。

图书在版编目（C I P）数据

模拟电子技术应用及项目训练 / 张晓琴，肖前军主编. —2 版. —成都：西南交通大学出版社，2018.8
国家示范性高等职业院校核心课程"十三五"规划教材. 电子电气类
ISBN 978-7-5643-6297-3

Ⅰ. ①模… Ⅱ. ①张… ②肖… Ⅲ. ①模拟电路 – 电子技术 – 高等职业教育 – 教材 Ⅳ. TN710.4

中国版本图书馆 CIP 数据核字（2018）第 167660 号

国家示范性高等职业院校核心课程
"十三五"规划教材 · 电子电气类

模拟电子技术应用及项目训练
（第二版）

主编 张晓琴 肖前军

责任编辑	张华敏
特邀编辑	唐建明 杨开春
封面设计	何东琳设计工作室

出版发行	西南交通大学出版社
	（四川省成都市二环路北一段 111 号
	西南交通大学创新大厦 21 楼）
邮政编码	610031
发行部电话	028-87600564 028-87600533
官网	http://www.xnjdcbs.com
印刷	四川煤田地质制图印刷厂

成品尺寸	170 mm × 230 mm
印张	14
字数	253 千
版次	2018 年 8 月第 2 版
印次	2018 年 8 月第 7 次
定价	35.00 元
书号	ISBN 978-7-5643-6297-3

课件咨询电话：028-87600533
图书如有印装质量问题 本社负责退换
版权所有 盗版必究 举报电话：028-87600562

第二版前言

模拟电子技术是高职高专电类专业非常重要的专业基础核心课程，是电子技术领域技术人员必备的核心基本技能。2009年，为了适应国家对高职高专人才培养的目标要求，配合高等职业院校核心专业课程的示范建设，由国家示范性高职院校牵头，我们在全国范围内组织了一批高职高专院校的一线教师，并邀请行业、企业一线专家共同参与，通过广泛而深入的行业调研，编写了《模拟电子技术应用及项目训练》这本教材。

《模拟电子技术应用及项目训练》一书自2009年出版以来，被多个高职院校和培训部门选为教材，得到了读者的广泛认可和好评。随着当今电子技术的飞速发展及教改的进一步深入，第一版书中的部分内容已显得比较陈旧，在课程体系和讲授方法方面，也需要做一些调整和改进，为此我们决定对该书进行修订，以便适应当前电子技术课程教学的要求，更好地培养适合企业需要的高技能技术型人才。

在《模拟电子技术应用及项目训练》（第二版）的编写过程中，我们继续遵循第一版的编写思路：以小型电子产品的实际电路为载体，介绍模拟电子技术中常用的电子元器件的特点和功能及其应用电路的分析与制作；采用"教、学、做"一体化的教学模式，淡化元器件的内部结构和电路的理论推导、计算，着眼于电子元器件的特性及应用。

第二版对第一版书中的一些模糊描述进行了完善和修订，使内容更加通俗易懂。考虑到电子技术的飞速发展，我们在第一版的基础上增加了部分新技术内容，具体包括：

1. 增加了场效应管的识别、测试、使用注意事项等相关知识与技能的介绍。

2. 引入了贴片封装的二极管、三极管、集成运算放大器等的介绍。

3. 增加了晶体二极管、三极管的选用、型号及元件参数的介绍。

4. 为了便于读者对集成运算放大器特性的理解，增加了多级放大器的耦合方式及特点的介绍。

5. 增加了差动放大器基本工作原理的分析，强化了差模输入、共模输入、共模抑制比的概念，以便于读者更好地理解集成运算放大器的特点。

6. 强化了电路开环、闭环的概念，增加了集成运算放大器工作在线性区和非线性区的条件这部分内容。

7. 适当增加了二极管、三极管应用电路分析的课后练习题。

本书的总体编写原则是："保证基础，精选内容，加强概念，面向更新，联系实际，利于自学"。也就是说，在保证基本理论内容的前提下，努力培养学生处理实际问题和自学的能力，同时避免学习负担过重。全书以 6 个由易到难的实际电子产品的分析与制作为载体，按照完成项目所需知识及技能为主线组织教学内容，有利于培养学生的学习兴趣、提高学生的学习积极性、增强学生的技术应用能力，力求让学生通过学习，掌握模拟电子电路的基本分析方法及电路制作的基本技能，理解并贯彻国家电子装配标准与工艺规范，掌握项目实施的一般步骤和方法，提高自身的综合职业行动能力。

本书可与《数字电子技术应用及项目训练》(第二版)一书配套使用，作为高等职业院校工科类相关专业"电子技术"课程的教材，本书还可作为中等职业学校相关专业的提高性教材及自学考试或电子爱好者的学习用书。

本书由重庆工业职业技术学院张晓琴、肖前军任主编。学习项目 1 由重庆工业职业技术学院潘玲、陈媛媛共同编写，学习项目 3、学习项目 6 由重庆工业职业技术学院张晓琴编写，学习项目 2、学习项目 4 由重庆工业职业技术学院肖前军编写，项目 5 由重庆工程职业技术学院伍小兵编写。全书由张晓琴统稿。

本书由重庆工业职业技术学院教授级高级工程师易谷、重庆四联集团川仪十八厂高级工程师刘慕尹主审。本书在修订过程中，四联集团川仪总工程师叶多、重庆三木华瑞机电有限公司总工赵勇等提出了许多宝贵意见，在此一并表示感谢。

由于编者水平有限，书中难免存在不妥之处，敬请广大读者批评指正，帮助我们不断改进。

编　者

2018 年 8 月

目　录

学习项目1
电子保健小夜灯的分析与制作

📕 项目描述

　　心理医学研究表明，长时间在黑暗中，会使人忧郁、内分泌失调，因此，在入睡环境中适当地增加一点光线有益于人体健康。这里我们制作一款由整流二极管和发光二极管构成的电子保健小夜灯，如图1.1所示，交流市电经变压器降压，再由 $VD_1 \sim VD_4$ 桥式整流器整流后供给发光二极管 $VD_5 \sim VD_9$ 发光。发光二极管采用绿色光，能产生类似于月光的照明环境，能让人安静、放松地入睡。该电子保健小夜灯的功率只有0.3 W，省电，结构简单，经久耐用。

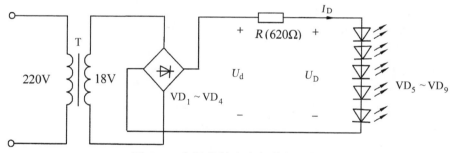

图1.1　电子保健小夜灯的原理图

🔊 项目要求

一、工作任务

　　1. 根据给定的电子保健小夜灯产品的电路，认识电路的组成，确定实际电路器件，记录实际器件的规格、型号，并查阅器件手册，确定器件的主要参数指标。

　　2. 分析电路的工作原理。

　　3. 进行电路的装配与测试，要求装配的电路能使发光二极管正常发光。

　　4. 以小组为单位做PPT，汇报分析及制作电子保健小夜灯的思路及过程。

　　5. 完成产品技术文档。

二、学习产出

　　1. 装配好的电路板。

2. 技术文档（包括：产品的功能说明，产品的电路原理图及原理分析，元器件及材料清单，通用电路板上的电路布局图，电路装配的工艺流程说明，测试结果分析，总结）。

◉ 学习目标

1. 掌握半导体的特性、PN 结单向导电性。
2. 能正确识别整流二极管、稳压二极管、发光二极管，并具有正确测试、选择这些元器件的能力。
3. 熟悉整流二极管、整流桥、稳压二极管、发光二极管的种类及特点，掌握它们的应用方法。
4. 了解整流电路的分类和特点，掌握单相整流电路的组成、特点及其测试技术。
5. 熟悉在通用电路板上组装电子产品的工作流程。
6. 掌握在万能电路板上进行手工焊接的技能。
7. 了解电路布局、布线工艺。
8. 掌握万用表、示波器的使用技能，学会查阅技术手册。
9. 了解变压器在电路中的作用，学会识别变压器的初、次级。
10. 具有安全生产意识，了解事故预防措施。
11. 能独立地学习和工作，并具有团队合作精神。

🗼 基础训练1　半导体二极管的识别、检测与选用

📖 相关知识

一、半导体材料概述

电流是由带电粒子的定向移动形成的。形成电流需要两个条件：一是要有电压或电位差，二是要有可移动的带电粒子。根据物质可移动的带电粒子的多少，自然界的物质分为导体、绝缘体和半导体三大类。导体最外层的可移动电子相对较多，因此导电性能相对较好，如金、银、铜、铝等金属材料；而绝缘体最外层几乎没有可移动的粒子，因此几乎不导电，如橡胶、陶瓷等材料；还有一种导电能力介于导体和绝缘体之间的物质称为半导体，常用的半导体有硅、锗、硒、砷化镓以及大多数金属氧化物和硫化物。

（一）纯净半导体

纯净的、不含任何杂质、晶体结构排列整齐的半导体叫作本征半导体，

也叫纯净半导体。常用的纯净半导体材料有硅和锗，它们都是四价元素，其最外层有四个价电子，图 1.2 所示为本征半导体的共价键结构。

　　在绝对温度 $T = 0$ K 时，所有的价电子都被共价键紧紧束缚在共价键中，不会成为自由电子，因此本征半导体的导电能力很弱，接近绝缘体。当温度升高或受到光的照射时，价电子获得能量，有的价电子可以挣脱原子核的束缚而参与导电，成为自由电子。自由电子产生的同时，在其原来的共价键中就出现了一个空位，称为空穴。这一现象称为本征激发，也称热激发。图 1.3 所示为本征激发产生的电子空穴对。

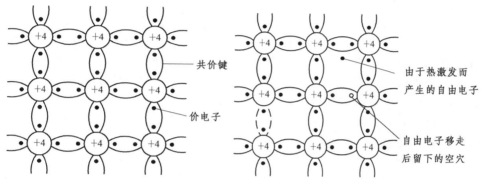

共价键

价电子

由于热激发而产生的自由电子

自由电子移走后留下的空穴

图 1.2　本征半导体的共价键结构　　　图 1.3　本征激发产生的电子空穴对

　　由此可见，在半导体中存在两种载流子：带负电的自由电子和带正电的空穴。这是半导体导电方式的最大特点，也是半导体与金属导体在导电机理上的本质区别。

　　纯净的半导体材料导电性能很差，但它具有热敏性、光敏性和掺杂性，这三大特性使其具有广泛的应用。热敏特性是指：温度升高，半导体的电阻率下降，导电性能提高。利用这一特性，纯净半导体可以制成自动控制系统中的热敏元件，如热敏电阻等。光敏特性是指：半导体受光照射时，电阻率会显著减小，导电性能提高。在自动控制系统中采用的光敏二极管和光敏电阻就是利用这一特性制作而成的。掺杂特性是指：半导体对杂质很敏感，例如在半导体硅中掺入一亿分之一的硼，电阻率会下降到原来的几万分之一。利用控制掺杂的方法，可以制造出不同性能、不同用途的半导体器件，如半导体二极管、三极管、晶闸管、场效应晶体管等。

（二）掺杂半导体

　　在本征半导体（硅或锗）中掺入微量硼（或其他三价元素），就形成 P 型半导体，由于每掺入一个硼，就会多出一个空穴，因此，其多数载流子是空穴，而自由电子为少数载流子，控制掺入杂质的多少，可以控制空穴的数量。

　　在本征半导体（硅或锗）中掺入微量磷（或其他五价元素），就形成 N

型半导体，自由电子为多数载流子，而空穴为少数载流子，控制掺入杂质的多少，可以控制自由电子的数量。

如果通过一定的生产工艺把 P 型半导体和 N 型半导体结合在一起，则它们的交界处就会自然形成一个具有单向导电性的薄层，称为 PN 结。PN 结是构成各种半导体器件的基础。

（三）PN 结的单向导电性

把 PN 结的 P 区接电源正极，N 区接电源负极，这种接法称为正向接法或正向偏置（简称正偏），如图 1.4（a）所示，此时，PN 结电阻呈低电阻，正向电流较大，处于导通状态。

把 PN 结的 N 区接电源正极，P 区接电源负极，这种接法称为反向接法或反向偏置（简称反偏），如图 1.4（b）所示，此时，反向电流很小，PN 结呈高电阻，处于截止状态。反向电流一般为 μA 数量级，几乎不随外加反向电压的变化而变化，故又称为反向饱和电流，但受温度的影响极其明显，温度升高，反向电流会增加。

我们给 PN 结加上正向电压则导通、加上反向电压则截止，因此 PN 结具有单向导电性。

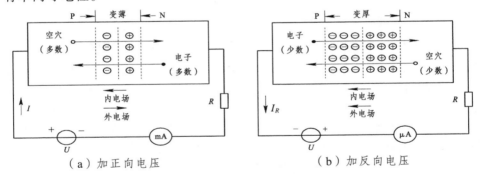

（a）加正向电压　　　　　　　　　　　（b）加反向电压

图 1.4　PN 结的单向导电性

二、二极管的结构及符号

将 PN 结加上相应的电极引线和管壳，就成为半导体二极管。由 P 区引出的电极称为阳极（正极），由 N 区引出的电极称为阴极（负极）。半导体二极管按结构分为三类：点接触型二极管、面接触型二极管和平面接触型二极管。图 1.5 所示为其结构图。

点接触型二极管的 PN 结面积小，结电容小，不能承受高的反向电压和大电流，因而适用于检波和变频等高频电路以及作为小电流的整流管。

面接触型二极管的 PN 结面积大，用于工频大电流整流电路。

平面接触型二极管的 PN 结面积可大可小，用于集成电路制造工艺以及

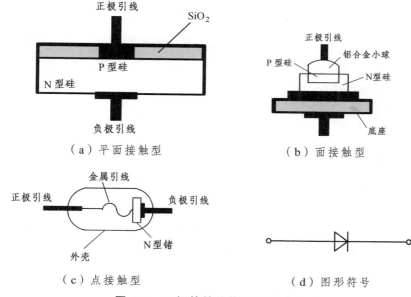

（a）平面接触型　　　　　　　　　（b）面接触型

（c）点接触型　　　　　　　　　（d）图形符号

图 1.5　二极管的结构及图形符号

高频整流和开关电路中。

　　根据二极管材料的不同，二极管又可分为硅二极管和锗二极管。

　　二极管的图形符号如图 1.5（d）所示。

三、二极管的基本特性

　　二极管最主要的特性就是单向导电性，可以用伏安特性曲线来说明。所谓伏安特性曲线就是电压与电流的关系曲线。通过实验测试得出二极管的伏安特性如图 1.6 所示。

（一）正向特性

　　当二极管的正向电压很小时，几乎没有电流通过二极管，没有使二极管正向导通的这一最大电压值称为死区电压。硅管的死区电压一般为 0.5 V，锗管约为 0.1 V。

　　当二极管的正向电压大于死区电压后，有较大的正向电流通过二极管，二极管导通。正向电流随着

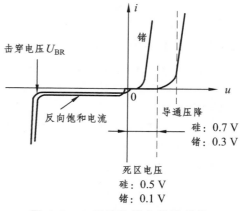

图 1.6　二极管的伏安特性曲线

电压的增大而迅速增大。从图 1.6 所示曲线可见，当二极管导通时，电压几乎不变，而电流上升很快，此时，二极管正向导通电压被认为近似恒定，例如，硅管的导通电压一般为 0.7 V，锗管的导通电压一般为 0.3 V。

（二）反向特性

当二极管加上反向电压时，只有极小的反向电流流过二极管，可认为二极管截止。二极管的反向电流具有两个特点：① 随温度的上升增加很快；② 只要外加的反向电压没有达到反向击穿电压值 U_{BR}，反向电流基本不随反向电压的变化而变化。

（三）反向击穿特性

当反向电压高到一定数值时，反向电流会突然增大，二极管失去单向导电性，这种现象称为电击穿。发生击穿时的电压 U_{BR} 称为反向击穿电压。如果二极管的反向电压超过这个数值，而没有适当的限流措施，二极管会因电流大、电压高而过热造成永久性的损坏，这种情况称为热击穿。

（四）温度对特性的影响

由于半导体的导电性能与温度有关，所以二极管的特性对温度很敏感，温度升高时二极管的正向特性曲线向左移动，反向特性曲线向下移动。其变化规律是：在室温附近，温度每升高 1 ℃，正向电压减少（2 ~ 2.5）mV，即温度系数约为 − 2.3 mV/℃；温度每升高 10 ℃，反向电流约增大一倍，击穿电压也下降。利用 PN 结的这一温度特性，可制成 PN 结温度传感器，在温控系统中用于测量温度。

四、二极管的型号及整流二极管的主要技术参数

（一）二极管的型号

二极管的型号很多，要正确地选用，就必须了解二极管型号的构成及表示的意义，请参阅本书附录 1（半导体器件的型号命名方法）。

（二）整流二极管的主要技术参数

为了安全地使用二极管，一定要使其电流、电压、功率、温度、频率等不能超过规定的最大值。使用中可以通过查阅二极管的技术参数手册进行选用或代换，整流二极管的主要技术参数如下：

① 最大整流电流 I_F，是指二极管长期连续工作时，允许通过二极管的最大整流电流的平均值，它由 PN 结的面积和散热条件所决定。实际应用时，流过二极管的平均电流不能超过这个数值，否则将导致二极管因过热而损坏。

② 最高反向工作电压 U_{RM}，反向击穿电压 U_{BR} 是指二极管反向电流急剧增加时对应的反向电压值。通常手册上给出的最高反向工作电压 U_{RM} 约为反向击穿电压 U_{BR} 的 1/2。

③ 反向电流 I_R，是指在室温下二极管在规定的反向电压作用下的反向电流值。在同样的温度下，硅二极管的反向电流比锗二极管的反向电流小得多，硅二极管的反向电流一般在纳安（nA）级；锗二极管的反向电流在微安（μA）级。I_R 对温度很敏感，使用二极管时要注意环境温度不要过高。

④ 最高工作频率 f_M，是指允许加在二极管上的最高工作频率，主要由 PN 结结电容的大小决定。当信号频率超过此值时，结电容的容抗变得很小，使二极管反偏时的等效阻抗变小，反向电流变得很大，导致二极管的单向导电性变差。

不同型号的二极管，其参数可从半导体器件手册上查得，也可参阅本书附录。

五、稳压二极管

稳压二极管（简称稳压管）是用特殊工艺制造的面接触型硅半导体二极管，其伏安特性曲线、图形符号及稳压应用电路如图 1.7 所示。稳压二极管的正向特性曲线与普通二极管相似，而反向击穿特性曲线则很陡。正常情况下稳压管工作在反向击穿区，从图 1-7（a）中可以看出，在反向击穿区内，反向电流在很大范围内变化时，稳压二极管的端电压变化很小，因而稳压二极管具有稳定电压的作用。图中的 U_Z 表示反向击穿电压，当电流的增量 ΔI_Z 很大时，只引起很小的电压变化 ΔU_Z，只要反向电流不超过其最大稳定电流，就不会形成破坏性的热击穿。因此，为了使稳压二极管工作在稳压区而不被损坏或进入截止区，在应用电路中应给稳压管串联一个适当阻值的限流电阻，如图 1-7（c）所示，而且输入电压一定要大于稳定电压才能起到稳压作用。

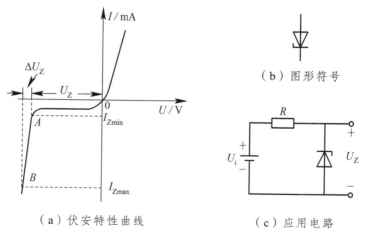

（a）伏安特性曲线　　　　　　（c）应用电路

图 1.7　稳压管的伏安特性曲线、图形符号及应用电路

值得注意的是，稳压二极管在正向导通时也具有稳压的特性，稳压值就是正向导通电压。硅管的稳压值为 0.7 V。

稳压管的主要参数有：

① 稳定电压 U_Z，是指在规定的测试电流下，稳压管工作在击穿区时的稳定电压。由于制造工艺的原因，同一型号的稳压管的 U_Z 分散性很大。例如 2CW54 型稳压管，测试电流为 10 mA 时，其稳定电压在 5.5 ~ 6.5 V 之间。

② 稳定电流 I_Z，是指稳压管在稳定电压时的工作电流，其范围在 I_{Zmin} ~ I_{Zmax} 之间。

③ 最小稳定电流 I_{Zmin}，是指稳压管从截止区进入反向击穿区时的转折点电流。

④ 最大稳定电流 I_{Zmax}，是指稳压管长期工作时允许通过的最大反向电流，其工作电流应小于 I_{Zmax}。

稳压二极管的正常工作电流应在最小稳定电流 I_{Zmin} 和最大稳定电流 I_{Zmax} 之间，因此应用时需在稳压管前串入限流电阻。

⑤ 最大耗散功率 P_M，是指稳压管工作时允许承受的最大功率，其值为 $P_M = I_{Zmax} \cdot U_Z$。

⑥ 动态电阻 r_z，是指稳压管两端的电压变化量和通过稳压管的电流变化量之比，即 $r_z = \Delta U_Z / \Delta I_Z$。$r_z$ 越小，稳压性能越好。

六、发光二极管

发光二极管是一种把电能转换为光能的固体发光器件。它是一种新型冷光源，由于其体积小、用电省、工作电压低、抗冲击振动、寿命长、单色性好、响应速度快，因而在许多领域都有应用，比如用于制作电子显示屏、指示灯、照明灯等。

发光二极管是由镓、砷、磷等化合物制成的。由这些材料构成的 PN 结加上正偏电压时，会以发光的形式来释放能量。光的颜色主要取决于制造所用的材料。砷化镓再加入一些磷可得红色光。磷化镓能级差距大，发射出来的光呈绿色。目前市场上发光二极管的主要颜色有红、橙、黄、绿、白几种。此外，还有变色发光二极管，当通过二极管的电流改变时，发光颜色也随之改变。

图 1.8（a）所示为发光二极管的图形符号，常用的发光二极管如图 1.8（b）所示。发光二极管的导通电压比普通二极管高，一般为 1.2 V ~ 3.0 V，但反向击穿电压比普通二极管低。发光二极管的应用电路如图 1.8（b）所示，加上正向电压，并接入相应的限流电阻，发光二极管就能正常发光。发光二极管的正常工作电流一般为几毫安（mA）至几十毫安。

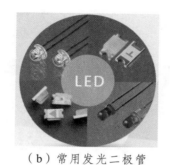
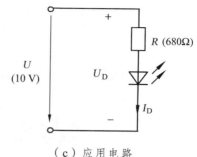

（a）符号　　　　（b）常用发光二极管　　　　（c）应用电路

图 1.8　发光二极管

发光二极管正常工作时的限流电阻由下式确定：

$$R = \frac{U - U_D}{I_D} \tag{1.1}$$

式中　U_D——发光二极管的导通电压。红色发光二极管的工作电压最低，约
　　　　1.6 V～1.7 V；绿色、黄色发光二极管的工作电压为 1.7 V～1.8 V；
　　　　白色发光二极管的工作电压为 1.8 V～1.9 V；蓝色发光二极管的工
　　　　作电压为 2.7 V；高亮度蓝色和白色发光二极管的工作电压为
　　　　3.1 V；
　　　I_D——发光二极管的工作电流。不同的发光二极管，其工作电流不同，对于圆形
　　　　发光二极管，直径越大工作电流越大，一般为几毫安至几十毫安。

🐾 实践操作

一、目的

1. 学会用万用表检测普通二极管的管脚和质量。
2. 学会用万用表检测稳压二极管的管脚和质量。
3. 学会用万用表检测发光二极管的管脚和质量。

二、器材

1. 模拟式（也称指针式）万用表或数字式万用表。
2. 各种二极管若干。

三、操作步骤

（一）普通二极管的检测

1. 直观识别二极管的极性

二极管正、负极一般在外壳上有标志。目前所用的标志有两种：一是在
管壳上直接标出二极管符号，二是在管壳一端标色环或色点。如图 1.9 所示，
标注色环或色点一端是二极管的负极，另一端是正极。

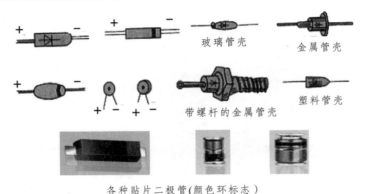

各种贴片二极管(颜色环标志)

图 1.9　二极管极性的常用标志方法

2. 用万用表检测二极管的性能

① 将模拟式万用表功能开关拨到欧姆挡 R×100 或 R×1k 挡，进行"0 Ω"校正，如图 1.10 所示。

② 如图 1.11 所示，将万用表的红、黑表笔分别搭接在二极管的两个管脚上，记下万用表的电阻值读数。注意：人体不要同时与二极管的两个引脚相接，以免影响测量结果。

③ 交换万用表的两只表笔再进行测试，记下万用表的电阻值读数。

图 1.10　万用表的量程与"0 Ω"校正

在图 1.11 所示的两次操作测量中，若两次测得的电阻值相差很大，说明二极管是好的；如果两次测量的电阻值均为零或很小，说明二极管内部 PN 结已短路或被击穿，不能再使用；如果两次测量的电阻值均为无限大，说明二极管内部 PN 结开路或烧坏，也不能再使用。

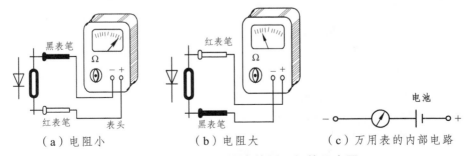

（a）电阻小　　　　　（b）电阻大　　　　　（c）万用表的内部电路

图 1.11　模拟式万用表检测二极管示意图

3. 用万用表测试二极管的极性

在图 1.11 所示的两次操作测量中，以电阻值小的一次为准，黑表笔对应的管脚为二极管的正极，另一个管脚为负极。

注意：模拟式万用表内部电池的正极接黑表笔，负极接红表笔，如图 1.11（c）所示；而数字式万用表则相反，红表笔对应内部电池的正极，黑表笔对应内部电池的负极，因此数字式万用表测试的结果刚好和模拟式万用表测试的结果相反。

（二）稳压二极管的判别

首先按普通二极管的检测方法判断稳压二极管的好坏和正、负极，然后将万用表的量程置 R×10 k 挡测量二极管的反向电阻值，若此时的电阻变小，说明该二极管是稳压二极管。

（三）发光二极管的检测

发光二极管的正、负极可以通过管脚的长短来判断，管脚长的是正极，管脚短的是负极；也可以借助于万用表的 R×10 k 挡测试判断，测试判断的方法与普通二极管一样，一般正向电阻为 15 kΩ 左右，反向电阻为无穷大。

（四）各种二极管的识别和测试

对常用二极管（整流二极管、开关二极管、稳压二极管、发光二极管）进行识别和检测后，将结果填入表 1.1 中；查阅相关晶体管手册，将主要参数摘录填入表 1.1 中。

表 1.1　二极管的识别与测试结果记录表

序号	标志符号	万用表量程	正向电阻	反向电阻	类型类别	质量判别	I_F	U_{RM}	I_R
1									
2									
3									
4									
5									
6									

课外练习

一、选择填空（将正确答案代号填在空格内）。

1. 二极管的两端加正向电压时，有一段"死区电压"，锗管约为_____，硅管约为_____。

　　A. 0.1 V　　　　　　B. 0.3 V　　　　　　C. 0.5 V

2. 二极管截止时的反向电流值与_____有关，几乎与_____基本无关。

　　A. 反向电压　　　B. 正向电压　　　C. 环境温度

3. 指针式万用表的两个表笔分别接触一个整流二极管的两端，当测得的电阻值较小时，红表笔所接触的是_____。而在使用数字万用表的情况下，黑表笔所接触的是_____。

　　　A. 二极管的负极　　　　B. 二极管的正极　　　　C. 二极管的中间

4. 用指针式万用表的不同欧姆挡测量二极管的正向电阻时，会观察到测得的阻值不相同，究其根本原因是_____。

　　　A. 二极管的质量差　　　B. 二极管有非线性的伏安特性

　　　C. 万用表不同欧姆挡有不同的内阻

5. 当温度升高时，二极管的正向电压降_____，反向饱和电流_____。

　　　A. 增大　　　B. 减小　　　C. 不变

6. 测量发光二极管时，万用表量程应使用_____挡。

　　　A. R×10　　　B. R×1 k　　　C. R×10 k

7. 选用二极管时，实际电路中的工作电压应_____最高反向工作电压。

　　　A. 大于　　　B. 小于　　　C. 等于

二、分析题

图 1-12（a）所示为二极管构成的限幅电路，分析电路中输入信号 u_i 大于 3 V 和小于 3 V 时，二极管的状态及输出信号 u_o 的值。若输入信号 u_i 波形如图 1.12（b）所示，分析输出信号波形，并在 1-12（b）中画出输出波形。

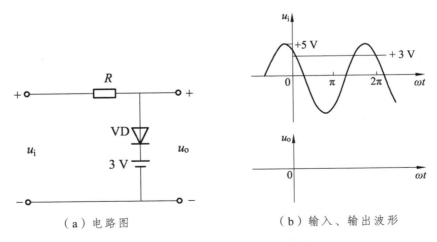

　　（a）电路图　　　　　　　　　（b）输入、输出波形

图 1.12　二极管限幅电路示意图

基础训练 2　单相整流电路的分析与测试

相关知识

我们日常所用的市电是大小和方向都在变化的交流电。但在应用电路中，经常需要大小和方向都不变的直流电，这就需要把交流电变换为直流电。可以利用二极管的单向导电性，把交流电变成脉动直流电，即进行整流，利用二极管组成整流电路。在小功率直流电源中，经常采用单相半波、单相全波整流电路。

一、单相半波整流电路

（一）电路组成及工作原理

图 1.13（a）所示是单相半波整流电路，它由整流变压器 T、整流二极管 VD 及负载 R_L 组成。

假设变压器二次侧交流电压为 $u_2 = \sqrt{2}U_2 \sin \omega t$，整流电路中电压、电流的波形如图 1.13（b）所示。这种电路利用二极管的单相导电性，使电源电压的半个周期有电流通过负载，故称为半波整流电路。

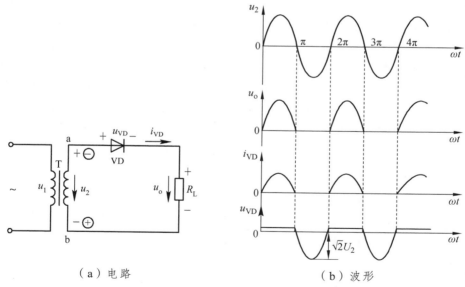

（a）电路　　　　　　　　　（b）波形

图 1.13　单相半波整流电路及波形

（二）负载上的电压和电流值估算

半波整流在负载上得到的是单相脉动直流电压和电流，其大小用一个周期内的平均值表示，即平均电压值为：

$$U_o = \frac{1}{2\pi} \int_0^\pi \sqrt{2} U_2 \sin \omega t \, \mathrm{d}(\omega t) = \frac{\sqrt{2} U_2}{\pi} \approx 0.45 U_2 \qquad (1.2)$$

负载上的平均电流为

$$I_L = \frac{U_L}{R_L} \approx 0.45 \frac{U_2}{R_L} \qquad (1.3)$$

（三）二极管的选择

由于流过负载的电流就等于流过二极管的电流，所以：

$$I_F \geqslant I_{VD} = I_L = 0.45 \frac{U_2}{R_L} \qquad (1.4)$$

在二极管截止期间，承受反向电压的最大
值就是变压器二次侧电压 u_2 的最大值，即：

$$U_{RM} \geqslant \sqrt{2} U_2 \qquad (1.5)$$

可根据 I_F 和 U_{RM} 的值选择二极管型号。

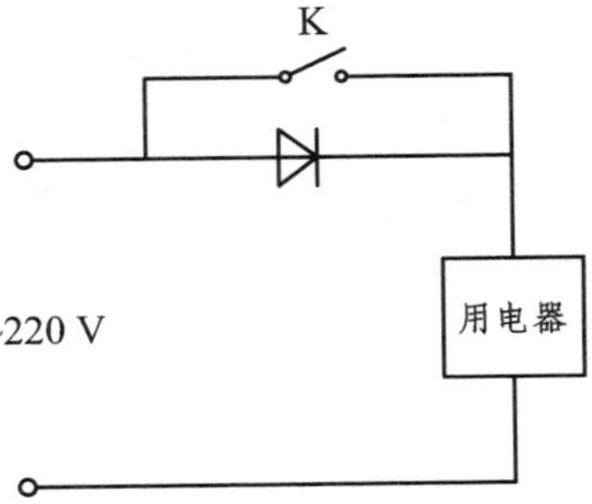

图 1.14 所示为单相半波整流的一个应用
电路。图中，二极管与用电器连接，并在二极
管两端并联开关 K，当开关闭合时，二极管短

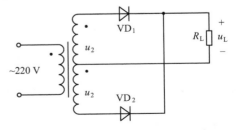

图 1.14 半波整流应用实例

路，用电器按 220 V 供电，而开关断开时，220 V 交流电经二极管整流后，
用电器电压值降为 220 V 的 0.45 倍。这样通过开关的闭合和断开，扩展了用
电器的功能，延长了使用寿命，很有实用价值。例如，用电器是电饭锅，有
两个挡位，可以提供两种温度，K 闭合电饭锅温度升高，使水尽快沸腾；待
水沸腾后改用低挡（K 断开）。用电器还可以是电烙铁、电吹风、电热毯等。

单相半波整流的特点是：① 电路简单，元件少，成本低；② 输出电压
低，脉动大，整流效率低。

二、单相全波整流电路

（一）两个二极管构成的全波整流电路

如果采用变压器中心抽头和两个
二极管将电源电压正、负半周都利用起
来，就可以组成全波整流电路，如图
1.15 所示，它由两个半波整流电路组
成，此电路对变压器的要求高，整流二
极管承受的反向工作电压高。请读者自
行分析电路。

图 1.15 两个二极管构成的全波整流电路

（二）单相桥式全波整流电路

单相桥式全波整流电路是由四个二极管组成的桥式整流电路，其电路及输入、输出电压波形如图 1.16 所示。在整流过程中，四个二极管两两轮流导通，因此正、负半周内都有电流流过负载，从而使输出电压的直流成分提高。在 u_2 的正半周，VD_1、VD_3 导通，VD_2、VD_4 截止；在 u_2 的负半周，VD_2、VD_4 导通，VD_1、VD_3 截止。无论 u_2 在正半周或负半周，负载上都有电压值，流过负载的电流方向是一致的，因此称为全波整流。

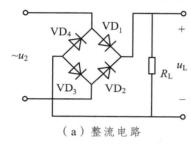　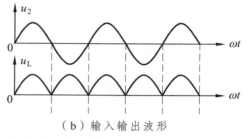

（a）整流电路　　　　　　　　（b）输入输出波形

图 1.16　单相桥式全波整流电路及波形

输出电压平均值：$U_L = 0.9U_2$　　　　　　　　　　　　　　　　（1.6）

输出电流平均值：$I_L = U_L / R_L = 0.9U_2 / R_L$　　　　　　　　（1.7）

流过二极管的平均电流：$I_{VD} = I_L / 2$　　　　　　　　　　　（1.8）

二极管承受的最大反向电压：$U_{RM} = \sqrt{2}U_2$　　　　　　　　（1.9）

单相桥式全波整流电路的特点是整流效率高，变压器结构简单，输出脉动小；但整流二极管数量多，电源内阻略大。

在实际电路中，往往根据实际输出所带负载的大小和输出负载上电压的大小来确定和选择整流二极管和电源变压器。

例 1.1　采用单相桥式整流电路如图 1.16（a）所示，已知负载电阻 $R_L = 80\ \Omega$，负载电压 $U_L = 110\ V$，试选择二极管。

解　负载电流为：

$$I_L = U_L / R_L = 110 / 80 = 1.4\ (A)$$

每只二极管通过的平均电流为：

$$I_{VD} = I_L / 2 = 0.7\ (A)$$

变压器二次侧电压的有效值为：

$$U_2 = U_L / 0.9 = 110/0.9 = 122\ (V)$$

二极管承受的最大反向电压为：

$$U_{RM} = \sqrt{2}U_2 = 172.5\ (V)$$

查手册，可选择 1N4004 二极管，其最大整流电流为 1 A，最大反向工作电压为 400 V。

（三）整流桥堆

生产厂家常常将整流二极管集成在一起构成桥堆，其外形和接线如图 1.17 所示。图中，标有"～"符号的表示与输入端的交流电源相连；标有"+"、"－"符号的是整流输出直流电压的正、负端。在实际使用中，输入、输出不能接错，否则不但达不到整流的目的，还可能会损坏桥堆。

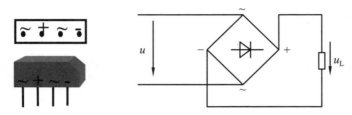

图 1.17　集成整流桥的管脚及其接线图

实践操作

一、目的

1. 学习面包板的使用。
2. 学习单相整流电路的测试。
3. 学会示波器观察电压波形的方法。

二、器材

1. 万用表、双踪示波器。
2. 搭接电路见图 1.18，配套电子元件和材料见表 1.2。

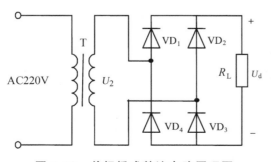

图 1.18　单相桥式整流电路原理图

表 1.2　配套电子元件明细表

代号	名称	规格
$VD_1 \sim VD_4$	整流二极管	1N4001
R_L	碳膜电阻器	$1\ k\Omega / 0.5\ W$
T	电源变压器	$AC220V/7.5 \times 2$
面包板 1 块		
带插头电源线 1 套		

三、操作步骤

（一）了解电路的工作原理

读电路图，分析电路的基本工作原理。

（二）元器件的清点、识别、测试

在进行搭接电路前，需对所用的电子元器件进行清点、识别并测试其管脚，检查其标称值是否与器件参数一致。

（三）熟悉面包板的使用

1. 面包板的结构

常用面包板有两种结构形式，如图 1.19（a）、（b）所示。

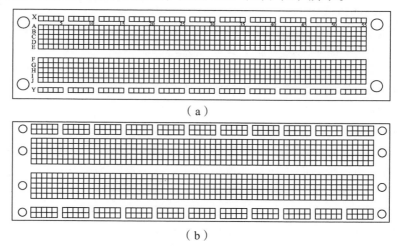

（a）

（b）

图 1.19　面包板的结构

图 1.19（a）所示的面包板上小孔心的距离与集成电路引脚的间距相等。面色板中间槽的两边各有 65×5 个插孔，每 5 个一组，A、B、C、D、E 是相通的，也就是两边各有 65 组插孔。双列直插式集成电路的引脚分别可插在两边，如图 1.20 所示。每个引脚相当于接出 4 个插孔，它们可以作为与其他元器件连接的输出端，接线方便。该面包板最外边各有一排 11×5 的插孔，共 55 个插孔，每 5 个一组是相通的（由于各个厂家生产的产品并无统一标准，各组之间是否完全相同，要用万用表测量后方可确定），这两排插孔一般可用作公共信号线，如接地线和电源线。

图 1.19（b）所示的面包板的两边各有两排 11×5 插孔，每排中的插孔是相通的，用它们作为公共信号、地线和电源线时不必加短接线，使用起来比较方便。这种面包板的背面贴有一层泡沫塑料，目的是防静电，但插元器件时容易把弹簧片插到泡沫塑料中去，造成接触不良，因此，在使用时一定要把面包板固定在硬板上。

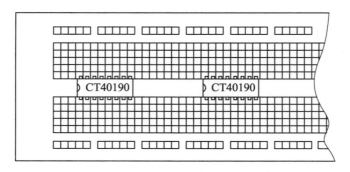

图 1.20 双列直插式集成电路插入面包板的方式

2. 元器件的安装技巧

安装的分立元件应便于看到极性和标志。为了防止裸露的引线短路，必须使用套管，一般不采用剪短引脚的方法，以便于重复使用。

对于多次使用的集成电路的引脚，必须修理整齐，引脚不能弯曲，所有的引脚应稍向外偏，这样才能使引脚与插孔接触良好。要根据电路图确定元器件在面包板上的排列位置，目的是走线方便。双列直插式集成电路要插在面包板中间槽的位置，如图 1.20 所示，方向应保持一致。

根据信号流向的顺序，采用边安装、边调试的方法。元器件安装之后，先接电源线和地线，面包板最外边的两排插孔一般作为公共的电源线、地线和信号线。但要注意，有些面包板最外边的插孔之间是分组断开的，要用万用表检查测量。连线通常用 $\phi0.6$ mm 的单股导线，为了方便检查，连线应使用不同的颜色。例如，正电源一般用红色绝缘皮的导线，负电源用蓝色，地线用黑色，信号线用黄色，也可根据条件选用其他颜色的导线。

把使用的导线拉直，根据连线的距离以及插入的长度剪断导线，导线两头各留 6 mm 左右作为插入插孔的长度。用镊子夹住导线后垂直插入或拔出面包板，不要用手插拔，避免把导线插弯。

导线要紧贴面包板，以免弹出面包板，造成接触不良。必须使连线在集成电路周围通过，不允许跨接在集成电路上，也不要使导线互相重叠在一起，应尽量做到横平竖直，这样有利于查找、更换器件及连线。

最好在各电源的输入端和地之间并联一个容量为几十微法的电容，这样可减少电源电压瞬变过程中电流的影响。为了更有效地抑制电源中的高频分量，应在电容两端再并联一个高频去耦电容，该电容的容量一般为 0.01 ~ 0.047 μF。

在布线过程中，要求把各元器件在面包板上的相应位置以及所用引脚号标在电路图上，以保证调试和查找故障的顺利进行。

（四）搭接电路

在面包板上按工艺要求搭接单相半波整流电路和桥式全波整流电路，并进行自检，重点检查是否有短路、元器件搭接错误的地方。

（五）电路的测试

用万用表测试上述搭接电路的输入、输出电压值，用示波器观察输入、输出电压的波形，将结果记录于表 1.3 中。

表 1.3 　整流电路的输入、输出电压

输入电压/V		输出电压/V	
万用表挡位	U_2	万用表挡位	U_d
波形		波形	

📝 课外练习

一、填空题

1. 将_____变成_____ 的电路称为整流电路。

2. 经过一个二极管进行整流后，输出电压的大小为_____。

3. 单相桥式整流电路中，四个二极管分 2 组轮流导通，每个二极管上的电流为_____，承受的最高反向电压为_____。

4. 单相桥式整流电路中，经四个二极管整流后，输出电压的大小为_____。

二、判断题

1. 交流电经过整流后，电流方向不再改变，但电流的大小仍在变化。

（　　　）

2. 半波整流电路中，只在半周有输出电压。　　　　（　　　）

3. 桥式全波整流的特点是整流效率高、二极管承受的电压较小、输出脉动小。

（　　　）

4. 使用面包板搭接电路时，两边的两条插孔一般可用作公共信号线、接地线和电源线。

（　　　）

三、分析题

在图 1.18 所示的单相桥式整流电路中，已知变压器副边电压 $U_2 = 10\ V$（有效值）。

1. 计算正常工作时，直流输出电压的平均值 U_d，并在图上标出输出电压的正、负极。

2. 如果二极管 VD_1 虚焊，将会出现什么问题？

3. 如果二极管 VD_1 接反，又可能出现什么问题？

4. 如果四个二极管全部接反，还能达到全波整流的目的吗？与原来的整流电路有什么不同？

🔒 任务实施　制作电子保健小夜灯

一、信息搜集

1. 电子保健小夜灯电路的工作原理信息。

2. 装配电路中元器件的参数信息。

3. 电路中所用的整流二极管或整流桥的使用信息。

4. 手工焊接工具的使用方法。

5. 产品装配的工艺流程和工艺标准。

6. 产品制作所需的材料、工具、仪器等信息。

7. 相应示波器的使用手册。

二、实施方案

1. 确定电子保健小夜灯的原理图，如图 1.1 所示。

2. 确定电子组装工具，如图 1.21 所示。

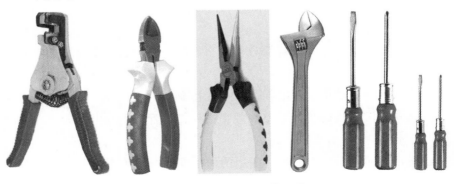

图 1.21　常用电子组装工具

3. 确定与电路原理图对应的实际元件和材料，如表 1.4 所示。

表 1.4　配套电子元件明细表

代　号	名　称	规　格
VD$_1$ ~ VD$_4$	整流二极管	1N4002
VD$_5$ ~ VD$_9$	发光二极管	ϕ3 mm，高亮（绿色）
R	碳膜电阻器	620 Ω / 1 W
T	电源变压器	AC220 V / 18 V
带插头的电源线 1 套		
ϕ0.8 mm 镀锡铜丝若干		
焊料、助焊剂、绝缘胶布若干		
紧固件 M4×15（4 套）		

4. 确定测试仪器、仪表：万用表、示波器。

5. 制订任务进度。

三、工作计划与步骤

（一）读电路图，分析电路的工作原理

图 1.1 所示为整流二极管和发光二极管构成的电子保健小夜灯电路。220 V 市电经变压器降压、再由 VD$_1$ ~ VD$_4$ 桥式整流后，把交流变成了脉动直流，供给发光二极管 VD$_5$ ~ VD$_9$ 发光，发光二极管采用绿色光，能让人安静、放松地入睡。该灯功率只有 0.3 W，省电，经久耐用。

在该电路中，交流 220 V 的市电经 AC220 V / 18 V 电源变压器降压后，整流电路的输入电压变为 18 V，整流后的输出电压约为 16.2 V，供给 5 个 ϕ3（绿色）的小功率发光二极管，发光二极管的工作电流约为 10 mA，因此，输出端需串联限流电阻 R，R 的值根据下式确定：

$$R = \frac{U_d - \sum U_D}{I_D}$$

（二）元器件的清点、识别、测试

在进行手工焊接前需对所用的电子元器件进行清点，识别或测试其管脚和标称值是否与器件参数一致。

（三）熟悉焊接的基础知识

1. 锡焊的机理

（1）扩散

加热后呈熔融状态的焊料（锡铅合金）沿着金属工件的凹凸表面进行扩展

的过程就是焊料的扩散现象。焊件表面的清洁和焊件的加热是扩散的基本条件。

（2）润湿

焊接过程中，熔化的铅锡焊料和焊件之间的作用就是润湿现象。观测润湿角是锡焊检测的方法之一，润湿角越小，焊接质量越好。一般质量合格的铅锡焊料和铜之间的润湿角可达 20°，实际应用中以 45° 为焊接质量的检测标准，如图 1.22 所示。

焊锡与焊件润湿　　　　　$\theta > 90°$，润湿不良　　　　　$\theta > 45°$，润湿良好

图 1.22　焊料润湿角

（3）结合层

在焊接过程中，焊料与焊件的界面有扩散现象发生，这种扩散的结果使得焊料与焊件界面上形成一种新的金属合金层，称为结合层。结合层的作用是将焊料与焊件结合为一个整体，实现金属连续性。铅锡焊料与铜在焊接过程中生成的结合层厚度可达 1.2 ~ 10 μm。结合层过厚或过薄都不能使焊料或焊件完美结合，理想的结合层厚度为 1.2 ~ 3.5 μm，此时的结合层强度较高，导电性能较好，如图 1.23 所示。

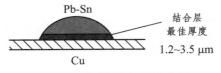

图 1.23　锡焊结合层示意图

综上所述，锡焊的工艺原理为：将表面清洁的焊件与焊料加热到一定的温度，焊料熔化并润湿焊件表面，在其界面处发生金属分子扩散并形成结合层，从而实现金属的焊接。

2. 焊接工具与材料

（1）电烙铁

电烙铁是手工焊接的基本工具，是根据电流通过发热元件产生热能的原理制成的。常用的电烙铁有外热式、内热式、恒温式、吸锡式等几种，如图 1.24 所示。发热元件俗称烙铁芯子，起能量转换的作用。外热式电烙铁的发热元件在传热体的外部，内热式电烙铁的发热元件在传热体的内部。

电烙铁一般由烙铁头、手柄和接线柱组成，见图 1.24。烙铁头一般由紫铜制成。手柄一般用木料或胶木制成。设计不良的手柄，温升过高时会影响操作。接线柱是发热元件与电源线的连接处。

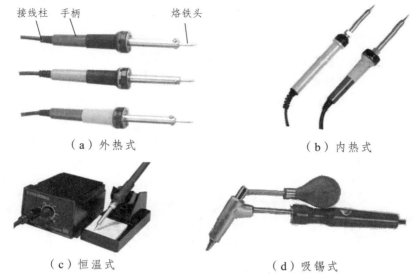

接线柱　手柄　　　　　　烙铁头

（a）外热式　　　　　　　　　（b）内热式

（c）恒温式　　　　　　　（d）吸锡式

图 1.24　典型电烙铁的结构示意图

电烙铁的使用与保养注意事项如下：

① 电烙铁的电源线最好选用纤维编织花线或橡皮软线，这两种线不易被烫坏。

② 使用电烙铁前，先用万用表测量一下电烙铁插头两端是否短路或开路，正常时 20 W 的内热式电烙铁阻值约为 2.4 kΩ（烙铁芯的电阻值）；再测量插头与外壳是否漏电或短路，正常时阻值应为无穷大。

③ 新烙铁刃口表面镀有一层铬，不易沾锡。使用前先用锉刀或砂纸将镀铬层去掉，通电后涂上少许焊剂，待烙铁头上的焊剂冒烟时，即上焊锡，使烙铁头的刃口镀上一层锡，这时电烙铁就可以用了。

④ 在使用间歇中，电烙铁应搁在金属制成的烙铁架上，这样既保证安全，又可适当散热，避免烙铁头"烧死"。对于"烧死"的烙铁头，应按新烙铁的要求重新上锡。

⑤ 烙铁头使用较长时间后会出现凹槽或豁口，应及时用锉刀修整，否则会影响焊点质量。对经多次修整已较短的烙铁头，应及时调换，否则会使烙铁头温度过高。

⑥ 在使用过程中，电烙铁应避免敲打碰跌，因为在高温时震动，最容易使烙铁芯损坏。

（2）焊料

焊料是易熔金属，它的熔点低于被焊金属，在熔化时能在被焊金属表面形成合金而将被焊金属连接在一起。根据焊料成分，焊料有锡铅焊料、银焊料、钢焊料等多种。一般电子产品装配中主要使用的是锡铅焊料。

（3）助焊剂

助焊剂有三大作用：除氧化膜，防止氧化，减小表面张力。

对助焊剂的要求是：熔点应低于焊料；表面张力、黏度、比重小于焊料；残渣容易清除；不能腐蚀母材；不产生有害气体和刺激性气味。

（四）熟悉手工焊接操作技能

1. 焊接操作姿势

一般电烙铁离鼻子的距离不小于 30 cm，通常以 40 cm 为宜。

电烙铁的拿法有三种，如图 1.25 所示。焊锡丝一般有两种拿法，如图 1.26 所示。

（a）反握法　　　　（b）正握法　　　　（c）握笔法

图 1.25　电烙铁的拿法

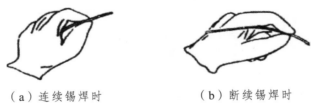

（a）连续锡焊时　　　　　　（b）断续锡焊时

图 1.26　焊锡丝的拿法

2. 手工焊接的步骤

第一步：准备。焊接前应检查使用工具及材料是否齐全及完好，如图 1.27 所示，并将电烙铁接通电源预热。

第二步：加热被焊接工件。电烙铁的握笔法如图 1.25（c）所示，此法使用于小功率内热式电烙铁。

将烙铁头紧贴被焊件（焊盘与元件引线）加热，如图 1.28 所示，电烙铁与电路板之间的夹角约为 45°。注意：首先要保证烙铁加热焊件的各个部分，例如使印制板上的引线和焊盘都受热；其次应让烙铁头的扁平部分（较大部分）接触热容量较大的焊件，烙铁头的侧面或边缘部分接触热容量较小的焊件，以保证焊件受热均匀。

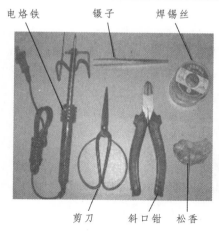

图 1.27　焊接使用的工具与材料

电烙铁　镊子　焊锡丝

剪刀　斜口钳　松香

图 1.28　加热被焊接工件

烙铁头同时贴紧焊盘与元件引脚

烙铁头与电路板约成 45° 夹角

第三步：加焊料。当焊件加热到能熔化焊料的温度后将焊锡丝置于焊点，焊料开始熔化并润湿焊点。注意：应将焊锡丝从烙铁头的对侧隔开元件引脚处加入，如图 1.29 所示，不能直接加在烙铁头上。

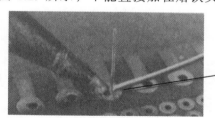

焊锡丝在烙铁头对侧，隔开元件引脚处加入

图 1.29　加焊锡丝示意图

第四步：移开焊料。当熔化一定量的焊锡丝后，焊料数量满足需求时应及时移开焊锡丝。注意应适当掌握焊点锡量，如图 1.30 所示。

第五步：移开烙铁头。当焊料充分熔化，并在焊盘上流动时，是移开烙铁头的最佳时机，应先慢后快，以 45° 夹角迅速撤离，如图 1.31 所示。

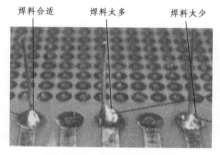

焊料合适　焊料太多　焊料太少

图 1.30　用锡量示意图

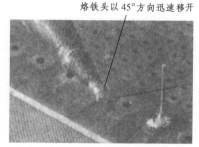

烙铁头以 45° 方向迅速移开

图 1.31　移开烙铁头示意图

　　一个合格的焊接点应具有良好的导电性，大小适中，有一定的机械强度，表面光亮，清洁美观，无毛刺、孔隙、桥连等。图 1.32 所示是产生毛刺、孔隙、桥连、虚焊等不良焊接点的示意图。

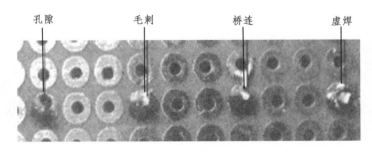

图 1.32　不良焊接点示意图

（五）进行元器件焊接前的准备工作

1. 清除元件表面的氧化层

　　元件经过长期存放，会在元件表面形成氧化层，不但使元件难以焊接，而且影响焊接质量，因此，当元件表面存在氧化层时，应首先清除元件表面的氧化层。注意用力不能过猛，以免使元件引脚受伤或折断。

　　清除元件表面氧化层的方法是：左手捏住元件本体，右手用锯条轻刮元件引脚表面，左手慢慢转动，直到表面氧化层全部去除。

2. 将元件引脚弯制成形

　　左手用镊子紧靠元件本体，夹紧元件的引脚（见图 1.33），使引脚的弯折处距离元件本体有 2 mm 以上的间隙。左手夹紧镊子，右手食指将引脚弯成直角。注意：不能用左手捏住元件本体，右手紧贴元件本体进行弯制，这样会使引脚根部在弯制过程中因受力而损坏。元件弯制后的形状见图 1.34。引脚之间的距离根据线路板孔距而定，引脚修剪后的长度大约为 8 mm，如果孔距较小，元件较大，应将引脚往回弯折成形［见图 1.34（b）］。电容的引脚可以弯成直角，将电容水平安装［见图 1.34（c）］或弯成梯形，将电容垂直安装［见图 1.34（e）］。二极管可以水平安装，当孔距很小时应垂直安装［见图 1.34（e）］，为了将二极管的引脚弯成美观的圆形，可用螺丝刀辅助弯制（见图 1.35），将螺丝刀紧靠二极管引脚的根部，十字交叉，左手捏紧交叉点，右手食指将引脚向下弯，直到两引脚平行。有的元件安装孔距离较大，应根据线路板上对应的孔距弯曲成形［见图 1.34（d）］。

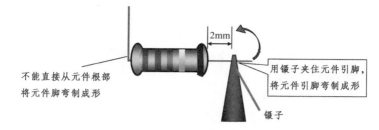

图 1.33　元件引脚弯制的方法

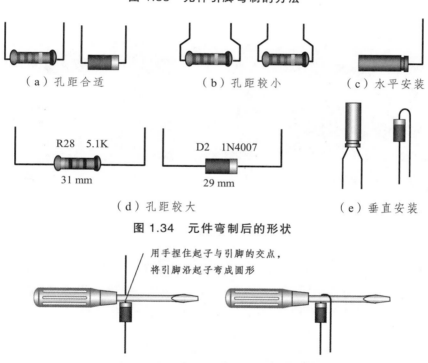

（a）孔距合适　　　　　（b）孔距较小　　　　　（c）水平安装

R28　5.1K

31 mm

D2　1N4007

29 mm

（d）孔距较大　　　　　　　　　（e）垂直安装

图 1.34　元件弯制后的形状

图 1.35　用螺丝刀辅助弯制二极管

（六）进行电路的布局与布线

1. 电路布局

制作电路时，必须按照电路原理图和元器件的外形尺寸、封装形式在万能电路板上均匀布局，避免安装时相互影响，应做到使元器件分布疏密均匀，电路走向基本与电路原理图一致，一般由输入端开始向输出端"一字形排列"逐步确定元器件的位置，相互连接的元件应就近安放；每个安装孔只能插入一个元件引脚，元器件水平或垂直放置，不能斜放。大多数情况下元器件都安装在电路板的同一面，通常把安装元器件的面称为电路板元件面。

2. 电路布线

按照电路原理图的连接关系布线，布线应做到横平竖直。转角成直角，导线不能相互交叉，确需交叉的导线应在元件体下穿过。

3. 元器件的装配工艺要求

二极管、电阻器均采用水平安装，元件体紧贴电路板，如图 1.36 所示；将元件引脚与焊盘焊接，剪去多余引脚，如图 1.37 所示；在焊接面将元件引脚的焊盘按布线图用导线正确连接，完成电路装配。

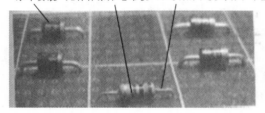

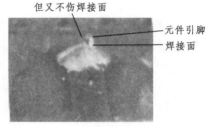

图 1.36　电路板装配工艺要求　　　　图 1.37　焊接点示意图

4. 总装方法及要求

电源变压器用螺钉紧固在万能电路板的元件面，一次侧绕组的引出线向外，二次侧绕组的引出线向内，万能电路板的另外两个角也固定两个螺钉，紧固件的螺母均安装在焊接面上。电源线从万能电路板焊接面穿过之后，在元件面打个结，再与变压器一次侧绕组引出线焊接并完成绝缘恢复，变压器二次侧绕组引出线插入安装孔后焊接，见图 1.38。

图 1.38　总装示意图

5. 自检

对已完成装配、焊接的工件应仔细检查质量，重点是装配的准确性，包括元件位置，电源变压器的一次侧、二次侧绕组接线及绝缘恢复等。焊点质量应无虚焊、假焊、漏焊、搭焊、空隙、毛刺等；没有其他影响安全性指标的缺陷；做好元件整形。

（七）电路的测试

在检查无误的情况下，接通电源，首先观察发光二极管是否发光，在发光二极管正常发光的情况下进行电路的测试，其测试项目如下：

① 用万用表测试输入 U_1、整流输入 U_2、整流输出 U_o、发光二极管的 U_D 电压，将结果记录于表 1.5 中。

② 用示波器测试输入、输出电压波形，并记录输入、输出电压波形于表 1.5 中。

表 1.5　电子小夜灯电路的输入、输出电压及发光二极管电压值

输入电压/V			输出电压/V		
万用表挡位	U_1	U_2	万用表挡位	U_o	U_D
波形			波形		

四、验收评估

电路装配测试完成后，按以下标准验收评估。

（一）装配

① 布局合理、紧凑。

② 导线横平竖直，转角呈直角，无交叉。

③ 元件间的连接与电路原理图一致。

④ 电阻器、二极管水平安装，紧贴电路板。

⑤ 元件安装平整、对称。

⑥ 按图装配，元件的位置、极性正确。

⑦ 焊点光亮、清洁，焊料适量。

⑧ 布线平直。

⑨ 无漏焊、虚焊、假焊、搭焊、溅焊等现象。

⑩ 焊接后元件引脚留头长度小于 1 mm。

⑪ 总线符合工艺要求。

⑫ 导线连接正确，绝缘恢复良好。

⑬ 不损伤绝缘层和元器件表面的涂敷层。

⑭ 紧固件牢固可靠。

⑮ 线路若一次装配不成功，需检查电路、排除故障直至电路正常。

（二）测试

① 按测试要求和步骤正确测量。

② 正确使用万用表和示波器。

（三）安全、文明生产

① 安全用电，不人为损坏元器件、加工件和设备等。

② 保持实验环境整洁，操作习惯良好。

③ 认真、诚信地工作，能较好地和小组成员交流、协作完成工作。

五、资料归档

在任务完成后，需编写技术文档。技术文档中需包含：产品的功能说明；产品的电路原理图及原理分析；工具、测试仪器仪表、元器件及材料清单；通用电路板上的电路布局图；产品制作工艺流程说明；测试结果分析；总结。

技术文档必须按国家标准对其进行标准化，经相关人员审核后存入技术档案室进行统一管理。

📋 思考与提高

1. 在图 1.1 所示的电路中，选择二极管的依据是什么？若发光二极管换为 $\phi10$ mm 的，则电路中的限流电阻 R 及整流二极管又应怎样选择？

2. 在上述电路、元件的基础上是否有更优、更经济的方案？请把它写出来。

3. 二极管在电路中，除了用于整流外，还有保护、限幅、钳位的作用，你能举例说明吗？查查资料试试。

学习项目 2
路灯自动控制器的分析与制作

🔧 项目描述

人们常看到路灯在傍晚时自动点亮，而天亮时自动熄灭，那么路灯是怎样自动点亮和熄灭的呢？图 2.1 所示为光敏电阻、三极管、继电器构成的路灯亮熄自动控制电路。当天亮后光线较强时，路灯不会亮，而当天快黑时，路灯自动点亮，以达到自动控制路灯亮和熄的目的，节省电力。

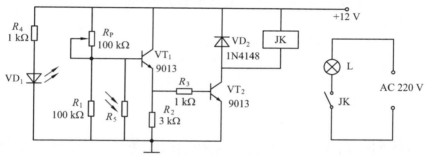

图 2.1　路灯亮熄自动控制电路

🔊 项目要求

一、工作任务

1. 根据给定的路灯亮熄自动控制电路，认识电路的组成，确定实际电路的元器件，记录实际元器件的规格、型号，并查阅实际元器件的主要参数指标。

2. 分析电路的工作原理。

3. 进行电路的装配与测试，要求装配的电路具有自动控制灯亮和熄灭的作用（灯亮和熄灭也可通过发光二极管显示）。

4. 以小组为单位汇报分析及制作路灯自动控制器的思路及过程。

5. 完成产品技术文档。

二、学习产出

1. 装配好的电路板。

2. 技术文档（包括：产品的功能说明，产品的电路原理图及原理分析，元器件及材料清单，通用电路板上的电路布局图，电路装配的工艺流程说明，测试结果分析，总结）。

◎ 学习目标

1. 识别各种三极管，具备检测三极管质量和管脚以及选择三极管的能力。

2. 了解三极管的基本特性和种类，熟悉三极管的放大和开关应用。

3. 掌握单管放大电路的测试技术，了解单管放大电路的组成、原理、特点及分析方法。

4. 掌握万能电路板手工焊接技能。

5. 掌握低频信号发生器、直流稳压电源、电子电压表的使用技能，学会查阅晶体管代换手册。

6. 掌握路灯控制电路的装配与调试。

7. 具有安全生产意识，了解事故预防措施。

8. 能与他人合作、交流，共同完成元件的测试、电路的组装与测试等任务，具有敢于创新的精神和解决问题的关键能力。

▲ 基础训练1　半导体三极管的识别、检测与选用

📖 相关知识

我们在开会时，主席台上往往放有扩音器，以便全场的人都能听到讲话人的声音。在自动控制系统中，一般也有温度、压力信号的显示及实时控制与报警。那么，声音是怎样被扩音出来的？温度和压力又是怎样实现实时控制与报警的呢？这是因为设备中有一个信号放大电路将微弱电信号进行了放大，以半导体三极管为核心元件组成的放大电路可以实现电信号放大的功能。

为了对半导体三极管有初步的感性认识，我们先做一个实验演示。

演示电路如图2.2所示，用信号发生器在其输入端输入电压10 mV、频率1 kHz的正弦信号，用示波器分别接在输入端和输出端，观察输入信号和输出信号的波形。结果发现：输入端正弦信号幅度很小，而输出端得到了一个幅度很大的正弦信号。

在图2.2中，起放大作用的核心元件是半导体三极管。下面介绍半导体三极管的识别、检测与选用的方法。

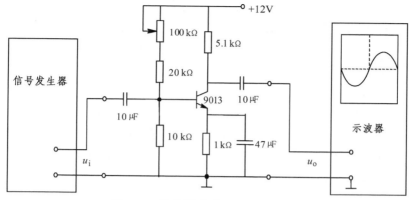

图 2.2　单管放大电路的演示电路

一、三极管概述

（一）三极管的结构和符号

三极管的结构示意图如图 2.3（a）所示，它是由两个 PN 结组成的。

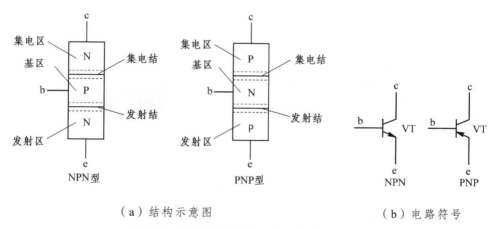

（a）结构示意图　　　　　　　　　（b）电路符号

图 2.3　三极管的结构示意图与电路符号

按照半导体的组合方式不同，可将三极管分为 NPN 型和 PNP 型。

三极管中有三个区，对应引出三个电极，即：

① 发射区：掺杂浓度高，对应引出的电极称为发射极，通常用 E(e) 表示。

② 基区：掺杂浓度低且很薄，对应引出的电极称为基极，通常用 B(b) 表示。

③ 集电区：掺杂浓度较小、面积大，对应引出的电极称为集电极，通常用 C(c) 表示。

三个区之间形成了 2 个 PN 结，基极与发射极之间的 PN 结叫发射结，集电极与基极之间的 PN 结叫集电结。

三极管的电路符号如图 2.3（b）所示，符号中的箭头方向表示发射结正向偏置时的电流方向。

（二）三极管的种类和外形

三极管的种类很多。按其结构类型分为 NPN 管和 PNP 管；按其制作材料分为硅管和锗管；按工作频率分为高频管和低频管；按功率大小分为大功率管、中功率管和小功率管；按工作状态分为放大管和开关管。

常见三极管的外形如图 2.4 所示。

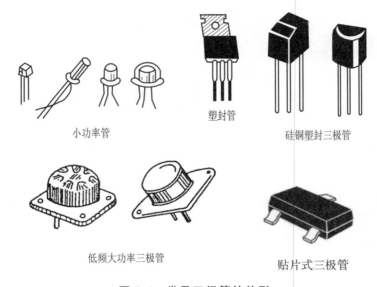

图 2.4　常见三极管的外形

二、三极管的电流放大作用

三极管的电流放大作用就像一个水闸，用一股小水流作动力提起水闸从而放出更大的水流，即以小水流得到大水流。小水流越大，提起水闸越高，放出的水流就越大，即小水流的大小控制着大水流的大小。当小水流太小，不足以提起水闸时，就无法放出大水流，说明水闸提起存在死区；而当小水流足够大，使水闸完全打开时，形成的大水流即达到饱和值，大水流达到了上限，无法继续增加，即说明水闸存在饱和区。三极管就相当于水闸，具有以小电流得到大电流的作用，即电流放大。

（一）三极管放大电流的内在条件和外在条件

三极管的结构特点是：内含两个 PN 结，发射区掺杂浓度较高，基区很薄且掺杂浓度较低，集电区面积较大等。这些特点是三极管具有电流放大作用的内在条件。

三极管实现放大作用的外部条件是：发射结正向偏置，集电结反向偏置。如图 2.5 所示，对于 NPN 型三极管，应有 $V_C > V_B > V_E$；对于 PNP 型三极管，应有 $V_C < V_B < V_E$。这样，两个 PN 结在外加电压的作用下，才能以小的基极电流得到大的集电极电流。

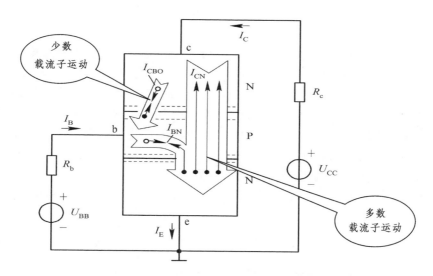

图 2.5　三极管内部载流子的运动情况

（二）三极管的电流放大作用

以 NPN 型三极管为例，PN 结在外电压的作用下，三极管内部载流子的运动形成三个电极电流，如图 2.5 所示。

①　发射区向基区发射电子的过程——形成发射极电流 I_E。

②　电子在基区的扩散和复合过程——形成基极电流 I_B。

③　电子被集电区收集的过程——形成集电极电流 I_C。

由图 2.5 不难看出，由于基区很薄且掺杂浓度低，因此，在三极管外加电压的作用下，发射区向基区注入的载流子大部分到达集电区而形成集电极电流 I_C，只有少部分载流子在基区复合形成基极电流 I_B，显然 $I_C > I_B$，且有：

$$I_E = I_C + I_B$$

（2.1）

上式说明，在三极管中，发射极电流 I_E 等于集电极电流 I_C 和基极电流 I_B 之和，这种特性满足基尔霍夫电流定律。

三极管的电流放大作用可用下式表示：

$$\overline{\beta} = \frac{I_C}{I_B} \quad 或 \quad I_C = \overline{\beta} I_B \tag{2.2}$$

把集电极电流的变化量与基极电流的变化量之比定义为三极管的共发射极交流电流放大系数 β，其表达式为：

$$\beta = \frac{\Delta i_C}{\Delta i_B} \approx \overline{\beta}$$

即

$$I_C = \beta I_B \tag{2.3}$$

上式表明，三极管的电流是按比例分配的，有一个单位的基极电流 I_B，就会有 β 倍基极电流的集电极电流 I_C。所以，I_C 的大小不但取决于 I_B，而且远大于 I_B。因此，只要控制基极回路的电流 I_B，就能实现对集电极回路电流 I_C（或 I_E）的控制。所谓三极管的电流放大作用和电流控制能力，就是这个原理。由于通过控制基极电流 I_B 的大小能实现对集电极电流 I_C 的控制，所以常把三极管称为电流控制型器件。

对于 PNP 管，三个电极产生的电流方向正好和 NPN 管相反。

图 2.6 所示是 NPN 型三极管和 PNP 型三极管中的电流方向和各电极极性。

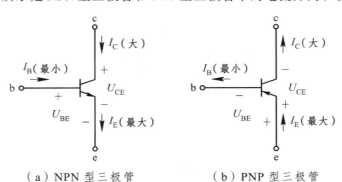

（a）NPN 型三极管　　　　　（b）PNP 型三极管

图 2.6　三极管的电流分配关系

三、三极管的输入特性和输出特性

三极管的输入、输出特性是表示三极管各电极电压和电流之间的相互关系的，它反映了三极管的性能，是分析放大电路的重要依据。人们常用共发射极三极管放大电路的输入特性曲线和输出特性曲线来分析三极管的输入特性和输出特性。这些特性曲线可用特性图示仪直观地显示出来，也可以通过实验电路进行测绘。

（一）输入特性曲线

三极管若以基极和发射极接收输入信号，则输入特性曲线是指当集电极电压 u_{CE} 为某一常数时，输入回路中三极管基极电流 i_B 与基射电压 u_{BE} 之间的关系曲线，用函数式表示为

$$i_B = f(u_{BE})\big|_{u_{CE}=常数} \tag{2.4}$$

图 2.7（a）所示是 9013 型硅三极管的输入特性曲线。

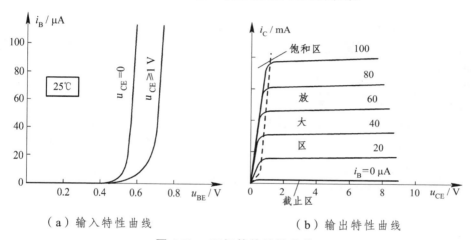

（a）输入特性曲线　　　　　　　　　　（b）输出特性曲线

图 2.7　三极管的特性曲线

1. 当 $u_{CE}=0$ 时

从三极管的输入端看进去，相当于两个 PN 结并联且正向偏置，此时的特性曲线类似于二极管的正向伏安特性曲线。

2. 当 $u_{CE} \geq 1\,V$ 时

从图中可见，$u_{CE} \geq 1\,V$ 的曲线比 $u_{CE}=0\,V$ 时的曲线稍向右移，说明在相同的 u_{BE} 下，i_B 减小。

（二）输出特性曲线

三极管若以集电极和发射极输出信号，则输出特性曲线是指在基极电流一定的情况下，三极管输出回路中集电极电流 i_C 与集-射电压 u_{CE} 之间的关系曲线，用函数表示为

$$i_C = f(u_{CE})\big|_{i_B=常数} \tag{2.5}$$

图 2.7（b）所示是 9013 型硅三极管的输出特性曲线。根据输出特性曲线的形状，可将其划分成三个区域：放大区、饱和区、截止区。

1. 放大区

输出特性曲线近似于水平的部分是放大区。此时，$i_C = \overline{\beta}i_B$，$i_C$ 和 i_B 成比例关系。三极管处于放大状态的条件是发射结正偏、集电结反偏。

2. 饱和区

饱和区是对应于 u_{CE} 较小（$u_{CE} < U_{BE}$）的区域，此时集电结处于正向偏置，以至于 i_C 不能随 i_B 的增大而成比例地增大，即 i_C 处于"饱和"状态。在饱和区 $i_C \neq \overline{\beta}i_B$，此时发射结和集电结都处于正向偏置。

3. 截止区

$i_B = 0$ 的曲线以下的区域称为截止区。$i_B = 0$ 时，$i_C = I_{CEO}$。对于硅管，$u_{BE} < 0.5$ V 时已开始截止，但是为了保证可靠性，常使 $u_{BE} \leqslant 0$，即发射结反偏，集电结也处于反偏。

四、三极管的主要参数

三极管的特性除了用特性曲线表示外，还可以用一些数据来说明，这些数据就是三极管的参数。三极管的参数也是设计电路时选用三极管的依据。

（一）电流放大系数

三极管接成共射极电路时，其电流放大系数用 β 或 $\overline{\beta}$ 表示。

$\overline{\beta} = \dfrac{I_C}{I_B}$ ——共射极静态（无输入信号）电流放大系数。

$\beta = \dfrac{\Delta i_C}{\Delta i_B}$ ——共射极动态（有输入信号）电流放大系数。

β 和 $\overline{\beta}$ 数值较为接近，一般没有区分。

在选用三极管时，如果 β 值太小，则电流放大能力差；若 β 值太大，则会使工作稳定性变差。低频管的 β 值一般选 20～100，高频管的 β 值只要大于 10 即可。

（二）特征频率

使三极管电流放大系数 β 的数值下降到 1 时的信号频率称为特征频率，用 f_T 表示，应用时应为实际工作频率的（3～10）倍。

（三）极间反向电流

1. 反向饱和电流 I_{CBO}

反向饱和电流 I_{CBO} 是发射极开路时，集电极和基极间的反向饱和电流。

该电流是少数载流子定向移动形成的，所以它受温度变化的影响很大。常温下，小功率硅管的 $I_{CBO}<1$ μA，锗管的 I_{CBO} 约 10 μA 左右。I_{CBO} 的大小反映了三极管的热稳定性，I_{CBO} 越小，说明其稳定性越好。因此，在温度变化范围大的工作环境中，尽可能选择硅管。

2. 穿透电流 I_{CEO}

穿透电流 I_{CEO} 是基极开路、集电极与发射极间加反向电压时，流过集电极和发射极之间的电流。它与 I_{CBO} 的关系为

$$I_{CEO} = (1+\beta)I_{CBO} \tag{2.6}$$

（四）极限参数

1. 集电极最大允许电流 I_{CM}

当集电极电流太大时，三极管的电流放大系数 β 值要下降。当 β 值下降到正常值的三分之二时的集电极电流，称为集电极最大允许电流 I_{CM}。因此，在使用三极管时，流过集电极的电流 I_C 必须小于 I_{CM}。

2. 集-射反向击穿电压 $U_{(BR)CEO}$

它是基极开路时，加在集电极与发射极间的反向击穿电压。当温度上升时，击穿电压 $U_{(BR)CEO}$ 会下降，故在实际使用时，必须满足 $U_{CE} < U_{(BR)CEO}$。

3. 集电极最大耗散功率 P_{CM}

集电极最大耗散功率是指三极管在正常工作时允许消耗的最大功率。当三极管消耗的功率超过 P_{CM} 值时，会使其发热温度过高，导致性能变差，甚至烧坏。因此，三极管在使用时，其消耗的功率必须小于 P_{CM} 才能保证正常工作。

五、三极管的型号命名

（一）三极管型号的含义

国产三极管的型号一般由五部分组成。下面以 3DG110B 型三极管为例说明其各部分的命名含义：

① 第一部分"3"，由数字组成，表示电极数。"3"代表三极管。

② 第二部分"D"，由字母组成，表示三极管的材料与类型。例如，A 表示 PNP 型锗管，B 表示 NPN 型锗管，C 表示 PNP 型硅管，D 表示 NPN 型硅管。

③ 第三部分"G"，由字母组成，表示管子的功能类型，例如，A 表示高频大功率三极管，D 表示低频大功率三极管，X 表示低频小功率三极管，G 表示高频小功率三极管。

④ 第四部分"110"，由数字组成，表示三极管的序号。

⑤ 第五部分"B"，由字母组成，表示三极管的规格号。

目前国内市场上常用的进口晶体管有 2S 系列、2N 系列、90 系列等。以 2S 系列的 2SB556K 型晶体管为例，其型号意义如下：

① 第一部分"2"，由数字组成，表示 PN 结数量。其中，"1"代表二极管，"2"代表三极管。

② 第二部分"S"，由字母组成，表示已在日本电子协会注册，所有管子都用 S，无实际意义。

③ 第三部分"B"，由字母组成，表示三极管的材料与类型。例如，A 表示 PNP 型锗管，B 表示 NPN 型锗管，C 表示 PNP 型硅管，D 表示 NPN 型硅管。

④ 第四部分"556"，由数字组成，表示公布的序号，与管子的特性无关，数字越大越是近期产品。

⑤ 第五部分"K"，由字母组成，表示三极管的特殊用途和特性。

2N 系列的型号意义与 2S 系列的型号意义大致相同，只是用数字和 N 分别表示 PN 结数目和在美国电子协会已注册，后面的数字也是顺序号。与 2S 系列不同的是，相同注册号的管子性能不一样，2N 系列型号命名的方法不分 NPN、PNP 和场效应管等，一律用 2N×××表示。

（三）三极管手册的查阅方法

三极管手册给出了三极管的技术参数和使用方法，是正确使用三极管的依据。三极管手册的基本内容有：三极管的型号；电参数符号说明；主要用途；主要参数。在实际使用中，可根据实际需要来查阅三极管手册，一般已知三极管的型号查阅其性能参数和使用范围或根据使用要求选择三极管，确定三极管的型号。

六、场效应管概述

场效应管（FET）是一种电压控制器件，它是利用输入电压产生的电场效应来控制输出电流大小的器件。场效应管工作时由于只有一种载流子形成沟道导电，所有又叫单极型晶体管。它具有体积小、质量轻、寿命长、输入电阻大、噪声低、热稳定性好、抗辐射能力强、功耗少、便于集成化等优点。

（一）场效应管的种类与符号

场效应管按其结构不同分为绝缘栅型和结型两大类。绝缘栅型场效应管由于制造工艺简单、便于实现集成化，应用更加广泛。绝缘栅型场效应管简称 MOS 管，有 N 沟道和 P 沟道两类，每一类又分为增强型和耗尽型两种，共有四种类型，图形符号如图 2.8 所示，其三个引脚分别为源极（S）、栅极（G）、漏极（D），它们相当于三极管的发射极、基极、集电极。结型场效应管也包含 N 沟道和 P 沟道两种，图形符号如图 2.9 所示。

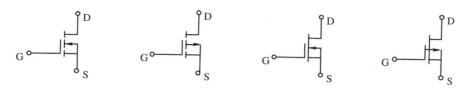

（a）N沟道增强型　（b）P沟道增强型　（c）N沟道耗尽型　（d）P沟道耗尽型

图2.8　绝缘栅型场效应管的图形符号

在集成电路中使用较多的是CMOS管。将N沟道MOS管和P沟道MOS管组成的互补电路，就构成CMOS管，它具有输入电流小、功耗小、工作电源范围宽等优点，广泛应用于集成电路中。

而目前在自动控制系统中常使用的是VMOS管，从结构上较好地解决了散热问题，其耗散功率大、工作速度快、耐压高，是理想的大功率器件。

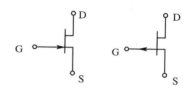

（a）N沟道型　　（b）P沟道型

图2.9　结型场效应管的图形符号

（二）场效应管的工作特点

场效应管也有三个工作区域：可变电阻区、恒流区和夹断区。当利用场效应管作为放大管时，其应工作在恒流区。对于增强型的场效应管，必须建立一个栅-源极电压值，使其达到开启电压，才会形成导电沟道，并有漏极电流；对于耗尽型的场效应管，不加栅-源极电压时已存在导电沟道，只有栅-源极电压达到某一值时，才能使漏-源极之间电流为零，此时的栅-源极电压称为夹断电压。

（三）场效应管与晶体三极管的差异

① 场效应管与晶体管不同，它是电压控制器件（晶体管是电流控制器件），其特性是具有很高的输入阻抗、较大的功率增益。如果制作的电路只允许从信号源索取较少电流的情况下，应选用场效应管；如果信号电压低，允许从信号源取较多电流的条件下，应选用晶体管。

② 场效应管可以在较小电流和较低电压的条件下工作，而且通过制造工艺可以很方便地把很多场效应管集成在一块硅片上，因此场效应管在大规模集成电路中得到了广泛的应用。

③ 有些场效应管的源极和漏极可以互换使用，栅极也可以取正或负电压，灵活性比晶体管好。

（四）场效应管的作用

① 场效应管作为放大管使用：场效应管像三极管一样在电路中可作为放大管使用，但由于场效应管的输入阻抗很高，其电路中耦合电容的容量可以较小，不必像三极管放大电路那样使用较大容量的电解电容器作为耦合电容。

② 场效应管可作开关使用。

③ 场效应管可用于阻抗变换：场效应管很高的输入阻抗非常适合作阻抗变换，常用于多级放大器的输入级作阻抗变换器件。

（五）场效应管的命名方法

场效应管通常有两种命名方法：第一种命令方法与双极型三极管相同，第二位字母代表材料，D 是 N 沟道，C 是 P 沟道，第三位字母 J 代表结型场效应管，O 代表绝缘栅场效应管，例如，3DJ6D 是 N 沟道结型场效应管，3DO6C 是 N 沟道绝缘栅场效应管；第二种命名方法是 CS××#，其中 CS 代表场效应管，×× 是数字，代表型号的序号，#是字母，代表同型号中的不同规格，例如 CS14A、CS45G 等。

（六）场效应管的测试

1. 用万用表判别结型场效应管的电极和类型

将指针式万用表打到 R×1k 挡，任选两个电极分别测量其正、反向电阻，当某两个电极的正、反向电阻值相等且约为几千欧姆时，则可确定该两电极分别为漏极 D 和源极 S，余下的电极就是栅极 G，而结型场效应管的漏极和源极可互换使用。

也可用万用表黑表笔任意接触场效应管的任一电极，另一只表笔分别碰触余下的两个电极，当两次测得的电阻值近似相等时，则黑表笔所接触的电极为栅极，其余两电极分别为漏极和源极。若两次测出的电阻值均很大，说明是 N 沟道场效应管，若两次测出的电阻值均很小，说明是 P 沟道场效应管。

2. 用万用表判别结型场效应管的好坏

将万用表置于 R×100 挡，测量源极 S 和漏极 D 之间的电阻值，正常情况下约为几十欧到几千欧范围（在晶体管手册中可查出各种不同型号管子的源极与漏极之间的电阻值均有差异）。如果测得阻值大于正常值，可能是由于内部接触不良；如果测得阻值是无穷大，可能是内部断开。然后把万用表置于 R×10k 挡，再测栅极与源极、栅极与漏极之间的电阻值，当测得其各项电阻值均为无穷大，则说明管子是正常的；若测得上述各电阻值很小或电阻值几乎为零，则说明管子已损坏。值得注意的是，若管子的栅极在其内部已断开，可用元件代换法进行确认。

（七）场效应管使用注意事项

① 场效应管在使用时，应注意工作参数不能超过管子的耗散功率、最大漏源电压、最大栅源电压和最大电流等值，并注意场效应管偏置的极性不能接反。如 N 沟道结型场效应管的栅极不能加正偏置电压；P 沟道结型场效应管不能加负偏置电压等。

② MOS 场效应管由于输入阻抗很高，所以在运输、储藏中必须用金属屏蔽包装，将各引脚短路；保存时不能将 MOS 场效应管放入盒子内，而应放在金属盒内，以防止外来感应电势将栅极击穿；同时也要注意场效应管的防潮。

③ 为了防止场效应管栅极感应击穿，要求一切测试仪器、工作台、电烙铁、线路本身都必须有良好的接地；在焊接场效应管时，先焊源极；场效应管在接入电路前，管子的全部引线应保持相互短接的状态；在未关断电源前，绝对不能把场效应管插入电路或从电路中拔出。

④ 大功率场效应管应有良好的散热条件，以确保壳体温度不超过额定值。

🔧 实践操作

一、目的

1. 识别常用三极管的种类。

2. 掌握检测三极管质量、管脚及选用的方法。

二、器材

1. 万用表。

2. 确定识别和测试的器件（各种三极管）。

三、操作步骤

（一）由管子型号判断管子类型

根据三极管外壳上的型号，初步确定其类型。例如 3DG 管，就是 NPN 型、硅材料的高频小功率三极管。

（二）由三极管外形判断管脚

根据三极管的外形特点，初步判断其管脚，常见的典型三极管的管脚排列如图 2.10 所示。

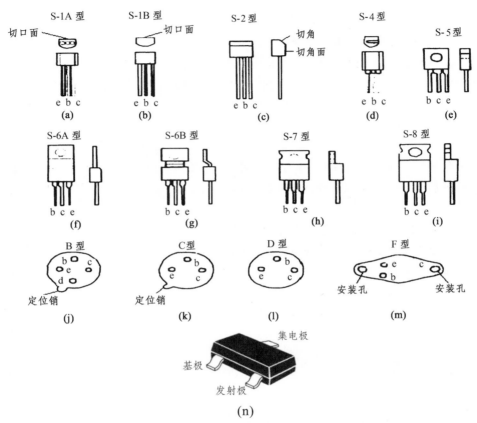

图 2.10　常见三极管的封装形式及引脚分布示意图

1. 塑料封装的三极管的引脚分布规律

图 2.10（a）所示为 S-1A 型，图 2.10（b）所示为 S-1B 型，都是带切面的圆柱体，将管脚面向自己，切面向上，从左至右依次为 e、b、c。

图 2.10（c）所示为 S-2 型，呈矩形状，在顶面有一个斜切口，将管脚面向自己，斜切面向上，从左至右依次为 e、b、c。

图 2.10（d）所示为 S-4 型，呈半圆状，将管脚面向自己，平面向上，从左至右依次为 e、b、c。

图 2.10（e）所示为 S-5 型，管子中央开了一个三角形的孔，将管脚向下，印有标志符号的面向自己，从左至右依次为 b、c、e，上面为金属散热片。

图 2.10（f）所示为 S-6A 型，图 2.10（g）所示为 S-6B 型，都带有散热片，将管脚面向自己，切面或印有标志的面向上，从左至右依次为 b、c、e。

图 2.10（h）所示为 S-7 型，带有散热片，将管脚面向自己，印有标志的面向上，从左至右依次为 b、c、e。

图 2.10（i）所示为 S-8 型，带有散热片，将管脚面向自己，印有标志的面向上，从左至右依次为 b、c、e。

2. 金属壳封装的三极管的引脚分布规律

图 2.10（j）所示为 B 型，它的特点是外壳上有一个凸出的定位销，并有四个引出脚。将管脚面向自己，从定位销开始顺时针方向依次为 e、b、c 和 d，其中 d 为连接外壳的引脚。

图 2.10（k）所示为 C 型，它的外壳上有一个凸出的定位销，并有三个引出脚。将管脚面向自己，从定位销开始顺时针方向依次为 e、b、c。

图 2.10（l）所示为 D 型，它没有定位销，三个脚呈等腰三角形排列，底边长度大于腰长，顶点是 b，e、c 在底边上。

图 2.10（m）所示为大功率三极管，F 型，它只有两个引脚，将管脚面向自己，且将靠近两个引脚的安装孔置于左面，则下方的引脚是 b，上方的引脚是 e，外壳是 c。

图 2.10（n）所示为 SOT-23 型贴片三极管，1 脚是基极 b，2 脚是发射极 e，3 脚是集电极 c。

（三）用模拟式万用表检测三极管的管脚并判断三极管的类型

1. 三极管基极和三极管类型的判断

如图 2.11 所示，将万用表的"功能开关"拨至"R×100 Ω 或 R×1 kΩ"挡；假设三极管中的任一电极为基极，并将黑（红）表笔始终接在假设的基极上；再用红（黑）表笔分别接触另外两个电极；轮流测试，直到测出的两个电阻值都很小时为止，则假设的基极是正确的。这时，若黑表笔接基极，则该管为 NPN 型；若红表笔接基极，则该管为 PNP 型。

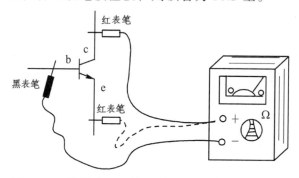

图 2.11　模拟式万用表测试三极管的基极和类型

2. 集电极和发射极的判断

在基极确定之后，剩下的两个电极，一个假定是集电极，另一个假定是发射极，在假定的集电极和基极之间连接一个电阻（人体电阻），用万用表测量假定的集电极和发射极的电阻（可互换表笔测量两次），若是 PNP 管，测量出电阻大的一次的假定成立；若是 NPN 管，测量出电阻小的一次的假定成立。如图 2.12 所示。

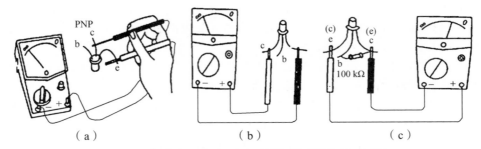

（a）　　　　　　　　（b）　　　　　　　　（c）

图 2.12　模拟式万用表测试三极管的集电极和发射极

3. 三极管的质量判别

在确定基极的过程中，若出现 2 次以上或 2 次以下阻值较小的情况，则说明三极管已损坏；在确定集电极和发射极的过程中，阻值读数越小说明三极管的放大能力越强；若两次测试表针均不动，则表明三极管没有放大能力；若测得集电极与发射极阻值变小，说明三极管性能变差，不宜使用。

（四）实践操作三极管的识别与测试

对常用三极管进行识别和检测，将结果填入表 2.1 中；查阅相关晶体管手册，将主要参数摘录填入表 2.1 中。

表 2.1　三极管的识别与检测结果记录表

序号	标志符号	万用表量程	导电类型	管脚判别	放大能力	质量判别	P_{CM}	U_{CEO}	f_T
1									
2									
3									
4									
5									
6									

📝课外练习

一、填空

1. 三极管具有放大作用的外部条件是＿＿＿＿＿＿＿＿、＿＿＿＿＿＿＿＿。

2. 设三极管的压降 U_{CE} 不变，基极电流为 20 μA 时，集电极电流等于 2 mA，这时 $\bar{\beta}$ = ＿＿＿＿＿。若基极电流增大至 25 μA，集电极电流相应增大至

2.6 mA，则 β = _____。

3. 当 NPN 硅管处于放大状态时，三个电极电位中，以_____极电位最高，_____极电位最低，基极和发射极电位之差等于_____。

4. 设某晶体管处于放大状态，三个电极的电位分别是 $V_E = -12$ V，$V_B = -11.7$ V，$V_C = 6$ V，则该管的导电类型为_____型（NPN 或 PNP），用半导体材料_____制成（硅或锗）。

5. 对于 NPN 型硅管，若 $V_{BE} > 0.5$ V 且 $V_{BE} < V_{CE}$，则管子处于_____状态；若 $V_{BE} > 0.5$ V 且 $V_{BE} > V_{CE}$，则管子处于_____ 状态；若 $V_{BE} < 0.5$ V 且 $V_{BE} < V_{CE}$，则管子处于_____状态。

6. 在模拟电路中，绝大多数情况下应保证三极管工作在_____状态，而在数字电路中，一般应保证三极管工作在_____状态。

7. 场效应管 3 个引脚分别是 _____（S）、_____（G）_____（D）。

二、选择题

1. 温度升高时，三极管的电流放大倍数 β_____，穿透电流 I_{CEO} 将 _____ 。

　　A. 变大　　　　B. 变小　　　　C. 不变

2. 三极管的特征频率 f_T 应为实际频率的_____ 倍。

　　A. 1　　　　B. 2 ~ 8　　　C. 3 ~ 10　　　　D. 12

3. 已知放大电路中处于正常放大状态的某晶体管的三个电极对地电位分别为 $V_E = 6$ V，$V_B = 5.3$ V，$V_C = 0$ V，则该管为_____。

　　A. PNP 型锗管　　B. NPN 型锗管　　C. PNP 型硅管　　D. NPN 型硅管

4. 设在正常放大状态的某个三极管的三个电极的对地电压分别为 $V_E = -13$ V，$V_B = -12.3$ V，$V_C = 6.5$ V，则该管为_____。

　　A. PNP 型锗管　　B. NPN 型锗管　　C. PNP 型硅管　　D. NPN 型硅管

5. 三极管共射极的输出特性常用一组曲线来表示，其中每条曲线对应一个特定的_____。

　　A. i_C　　B. u_{CE}　　C. i_B　　D. i_E

6. 某三极管的发射极电流等于 1 mA，基极电流等于 20 μA，正常工作时，它的集电极电流等于_____。

　　A. 0.98 mA　　　B. 1.02 mA　　　C. 0.8 mA　　　　D. 1.2 mA

7. 要使三极管工作在放大状态，必须_____。

　　A. 发射结反偏、集电结反偏　　　　B. 发射结反偏、集电结正偏
　　C. 发射结正偏、集电结反偏　　　　D. 发射结正偏、集电结正偏

8. 用万用表测试三极管时，量程通常使用_____挡。

　　A. R×10　　　B. R×1k　　　C. R×10 k　　　D. 任意挡

🗼 基础训练 2 单管放大电路的分析与测试

📖 相关知识

一、放大电路的基本组成及工作原理

（一）放大的含义

所谓放大，从表面上看是将信号由小变大，实际上，放大的过程是实现能量转换的过程。由于电子电路中输入信号很小，它所提供的能量不能直接推动负载工作，因此需要另外提供一个能源，由能量小的输入信号控制这个能源，经三极管放大去推动负载工作。我们把这种小能量对大能量的控制作用称为放大作用。三极管只是一种能量控制元件，不是能源。三极管对小信号实现放大作用时，根据输入交流信号接入电路的连接方式不同，在电路中可构成三种不同的连接方式（或称三种组态），即共(发)射极接法、共集电极接法和共基极接法。这三种接法分别以发射极、集电极、基极作为输入回路和输出回路的公共端，从而构成不同的放大电路，如图 2.13 所示（以 NPN 管为例）。

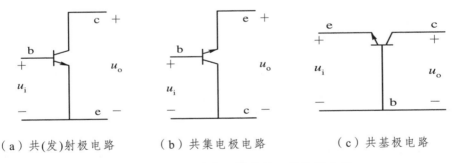

（a）共(发)射极电路 （b）共集电极电路 （c）共基极电路

图 2.13 放大电路中三极管的三种连接方法

（二）单管放大电路的组成

下面以单管共射极放大电路为例介绍放大电路的组成和各元件的作用，如图 2.14 所示。

对放大电路的基本要求：一是能够放大，二是不失真。所以，放大电路由两部分组成：

① 提供电路正常放大的直流偏置电路，其作用是为三极管处于放大状态提供发射结正偏、集电结反偏的电压。

② 使交流信号通过的交流通道，把交流信号有效地输入→放大→输出。

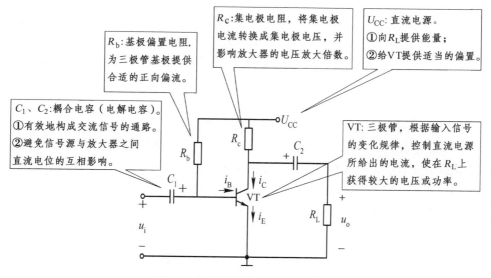

R_b:基极偏置电阻，为三极管基极提供合适的正向偏流。

R_c:集电极电阻，将集电极电流转换成集电极电压，并影响放大器的电压放大倍数。

U_{CC}: 直流电源。
①向R_L提供能量；
②给VT提供适当的偏置。

C_1、C_2:耦合电容（电解电容）。
①有效地构成交流信号的通路。
②避免信号源与放大器之间直流电位的互相影响。

VT: 三极管，根据输入信号的变化规律，控制直流电源所给出的电流，使在R_L上获得较大的电压或功率。

图 2.14　基本共射极放大电路

（三）放大电路的工作原理

下面仍以共射极基本放大电路放大信号的过程为例，介绍放大电路的工作原理，如图 2.15 所示。

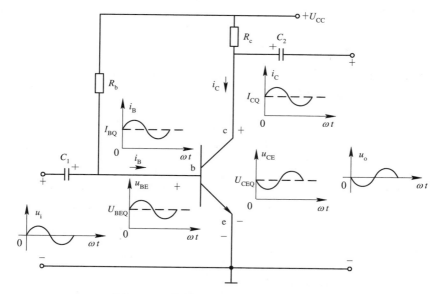

图 2.15　共射极放大电路的工作原理

图 2.15 中，信号传递的过程为：

$$u_i \to u_{BE} = U_{BEQ} + u_i \to i_B = I_{BQ} + i_b \to i_C = \beta i_B = I_{CQ} + i_c$$
$$\to u_{CE} = U_{CC} - i_C R_C = U_{CEQ} - i_c R_C = U_{CEQ} + u_{ce} \to u_o = u_{ce} = -i_c R_C$$

式中：U_{BEQ}、I_{BQ}、I_{CQ}、U_{CEQ}——直流分量；

u_i、u_{be}、i_b、$i_c u_{ce}$、u_o——交流分量；

u_{BE}、i_B、i_C、u_{CE}——交、直流叠加的总变化量。

从以上分析可知：在放大电路中，既有直流电源，又有交流信号源，因此电路中交流、直流共存。在对一个放大电路进行具体的定性和定量分析时，首先要求出电路各处的直流电压、电流的数值，以便判断放大电路中三极管是否工作在放大区，这也是放大电路放大交流信号的前提和基础。其次是分析放大电路对交流信号的放大性能，如放大电路的放大倍数、输入电阻、输出电阻及电路的失真问题。

二、放大电路的静态设置与调整

所谓静态，就是放大电路没有输入时的工作状态。静态时，放大电路中三极管的直流电流、电压值（I_{BQ}、U_{BEQ}、I_{CQ}、U_{CEQ}）所决定的工作点，称为静态工作点。

为了使放大电路能正常地工作，三极管必须处于放大状态，因此，要求三极管各极的直流电压、电流必须具有合适的静态工作参数值（I_{BQ}、U_{BEQ}、I_{CQ}、U_{CEQ}）。

（一）静态工作点与非线性失真

为了说明静态工作点的作用，我们进行下面的实验演示（或实验仿真）。实验演示电路如图 2.16 所示。

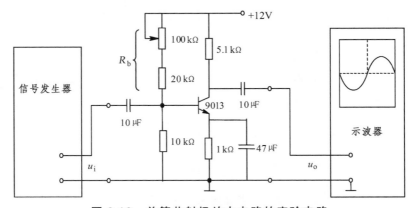

图 2.16　单管共射极放大电路的实验电路

1. 实验过程

① 在输入端没有信号时，通过示波器观察输出端有无波形。

② 通过信号发生器在输入端输入一个频率为 1 kHz 的正弦信号，调整输入信号的幅值和电位器（100 kΩ），通过示波器在输出端可观察到最大不失真的输出信号波形，如图 2.17（a）所示。

③ 调节电位器，使 R_b 减小，通过示波器可观察到图 2.17（b）所示的底部失真波形。

④ 调节电位器，使 R_b 增大，通过示波器可观察到图 2.17（c）所示的顶部失真波形。

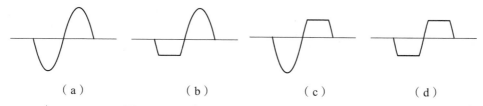

（a）　　　　（b）　　　　（c）　　　　（d）

图 2.17　通过示波器所观察到的输出波形

2. 现象分析

底部失真产生的原因是：$R_b \downarrow \Rightarrow I_{BQ} \uparrow \Rightarrow I_{CQ} \uparrow \Rightarrow U_{CEQ} \downarrow$。当电路输入交流信号时，很容易使 $U_{CE} < 0.4$ V 而进入饱和区，使输出不能如实地反映输入信号的状态，则出现图 2.17（b）所示的底部失真波形。该现象是因为三极管进入饱和区所引起的，故称为饱和失真。只要将输入回路中的基极偏置电阻 R_b 增大，以降低 I_{BQ}、I_{CQ}，使静态工作点 Q 降低，进入三极管放大区的中间位置，便可解决饱和失真问题。

顶部失真产生的原因是：$R_b \uparrow \Rightarrow I_{BQ} \downarrow \Rightarrow I_{CQ} \downarrow \Rightarrow U_{CEQ} \uparrow$。当电路输入的交流信号变化到负半周时，$u_{BEQ} + u_i$ 随着 $|u_i|$ 的增大而减小，很容易使三极管进入截止区，而导致输入回路的 i_B 不能随着 u_i 作线性变化，出现了图 2.17（c）所示的顶部失真波形。该现象是因为三极管进入截止区所引起的，故称为截止失真。只要将输入回路中的基极偏置电阻 R_b 减小，以增大 I_{BQ}、I_{CQ}，使静态工作点 Q 上移，以保证在输入信号的整个周期内三极管工作在输入特性的线性部分，便可解决截止失真问题。

双向失真产生的原因是：输入信号幅值太大，如图 2.17（d）所示的失真波形。减小输入信号幅值就可以消除双向失真。

放大电路正常工作时，要求尽可能有最大不失真信号输出，如图 2.17（a）所示。电路只有设置了合适的静态工作点，才能实现此要求。

（二）静态工作点的估算

根据静态工作点的定义，静态工作点的估算可根据放大电路的直流通道，即直流成分所通过的路径来确定。

1. 固定偏置式电路静态工作点的估算

图 2.18 所示为固定偏置式直流放大电路，其中：

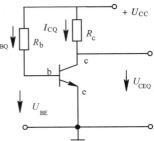

$$I_{BQ} = \frac{U_{CC} - U_{BEQ}}{R_b} \qquad (2.7)$$

$$I_{CQ} \approx \beta \times I_{BQ} \qquad (2.8)$$

$$U_{CEQ} = U_{CC} - I_{CQ} R_c \qquad (2.9)$$

图 2.18　固定偏置式放大电路的直流通路

由此可见，静态工作点的值决定于电路参数的大小，根据静态工作点的值可以判断三极管的工作状态和失真现象。合适的静态工作点能使放大电路正常放大信号，若静态工作点偏高，容易引起饱和失真；若静态工作点偏低，容易引起截止失真。一般通过调节基极电阻 R_b 来调节静态工作点。

例 2.1　在图 2.14 中，已知某单管共射放大电路中的 $U_{CC} = 12$ V，$R_b = 280$ kΩ，$R_c = 3.0$ kΩ，三极管的 $\beta = 50$，$U_{BE} = 0.7$ V。请计算电路的静态工作点值（I_{BQ}、I_{CQ}、U_{CEQ}）；若发现静态工作点过高或者过低，应如何调整电路中的 R_b？

解　静态工作点值确定如下：

$$I_{BQ} = \frac{U_{CC} - U_{BEQ}}{R_b} = \frac{12 - 0.7}{280 \text{ k}\Omega} \approx 0.040 \text{ (mA)} = 40 \text{ (μA)}$$

$$I_{CQ} \approx \beta \times I_{BQ} = 50 \times 0.040 = 2 \text{ (mA)}$$

$$U_{CEQ} = U_{CC} - I_{CQ} R_c = 12 - 2 \times 3 = 6 \text{ (V)}$$

根据以上计算结果，说明静态工作点在放大区内。若发现静态工作点过高，接近饱和区，则放大信号时会造成饱和失真，此时应将电路中的 R_b 适当增大，以减小基极电流，使工作点降低而进入放大区；若发现静态工作点偏低，接近截止区，放大信号时会造成截止失真，此时应将电路中的 R_b 适当减小，以增大基极电流，使工作点上升而进入放大区。

固定偏置电路结构简单，但静态工作点不稳定，当温度升高时，β 值增大，I_{CQ} 增大，U_{CEQ} 减小，使 Q 点变化。为了稳定静态工作点，通常采用分压式偏置电路。

2. 分压式偏置电路静态工作点的估算

图 2.19 所示为分压式偏置电路，它与固定偏置式电路不同的是，基极直流偏置电位 V_B 是由 R_{b1} 和 R_{b2} 对 U_{CC} 分压来取得的，故称这种电路为分压

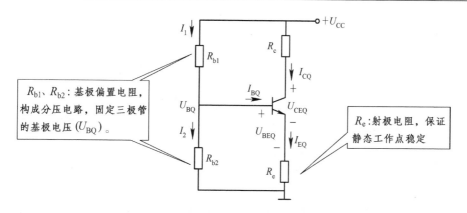

图 2.19　分压偏置式放大电路的直流通路

式偏置电路；同时，电路中又增加了发射极电阻 R_e，用来稳定电路的静态工作点。

当三极管工作在放大区时，I_B 很小，当满足 $I_1 \gg I_B$ 时，U_{BE} 基本固定不变，则有：

$$U_{BQ} \approx \frac{R_{b2}}{R_{b1} + R_{b2}} U_{CC} \tag{2.10}$$

$$I_{EQ} = \frac{U_{BQ} - U_{BEQ}}{R_e} \tag{2.11}$$

$$I_{CQ} \approx I_{EQ} \tag{2.12}$$

$$I_{BQ} = \frac{I_{CQ}}{\beta} \tag{2.13}$$

$$U_{CEQ} \approx U_{CC} - I_{CQ}(R_c + R_e) \tag{2.14}$$

其稳定静态工作点的过程是：

$$T \uparrow (\beta \uparrow) \Rightarrow I_{CQ} \uparrow \Rightarrow I_{EQ} \uparrow \Rightarrow U_{EQ} \uparrow \Rightarrow U_{BEQ} \downarrow \Rightarrow I_{BQ} \downarrow \Rightarrow I_{CQ} \downarrow$$

由此可见，这种电路是在固定基极电压的条件下，利用发射极电流 I_{EQ} 随温度 T 的变化所引起的 U_{EQ} 变化，进而影响 U_{BE} 和 I_B 的变化，使 I_{CQ} 趋于稳定。为了使基极电压固定，一般 R_{b1}、R_{b2} 选用热稳定性好的较精密的电阻。

例 2.2　图 2.19 所示的放大电路中，已知三极管的参数 $\beta = 50$，$U_{BEQ} = 0.7$ V，$R_{b1} = 50$ kΩ，$R_{b2} = 20$ kΩ，$R_c = 5$ kΩ，$R_e = 2.7$ kΩ，$U_{CC} = 12$ V。

①　试求放大电路的静态工作点；

②　如果三极管的 β 增大一倍，那么放大电路的 Q 点将发生怎样的变化？

解　静态工作点的估算如下：

$$U_{BQ} \approx \frac{R_{b2}}{R_{b1} + R_{b2}} U_{CC} = \frac{20}{20 + 50} \times 12 = 3.4 \quad (V)$$

$$I_{EQ} = \frac{U_{BQ} - U_{BEQ}}{R_e} = \frac{3.4 - 0.7}{2.7} = 1 \quad (mA)$$

$$I_{CQ} \approx I_{EQ} = 1 \quad (mA)$$

$$I_{BQ} = \frac{I_{CQ}}{\beta} = \frac{1}{50} = 0.02 \quad (mA)$$

$$U_{CEQ} \approx U_{CC} - I_{CQ}(R_c + R_e) = 12 - 1 \times (5 + 2.7) = 4.3 \quad (V)$$

在这种电路中，U_{BQ}、U_{EQ}、I_{CQ}、I_{EQ} 和 U_{CEQ} 均与 β 无关，因此，β 增大一倍，U_{BQ}、U_{EQ}、I_{CQ}、I_{EQ} 和 U_{CEQ} 均可认为基本不变，电路仍然可以正常工作，这正是分压式电路的优点（工作点稳定），但此时 I_{BQ} 将减小，即：

$$I_{BQ} = \frac{I_{CQ}}{\beta} = \frac{1}{100} = 0.01 \quad (mA)$$

（三）放大电路静态工作点的调试

放大电路静态工作点的调整可借助于仪器仪表，通过调整基极偏置电阻来完成。

1. 借助于万用表调试

静态工作点一般是通过测量集电极电流来调整的。首先使输入信号为零，然后把电流表（万用表电流挡）串接在集电极回路中，调整基极偏置电阻，使 I_{CQ} 达到预定值。一般取集电极最大电流（U_{CC} / R_c）的一半左右即可。在实际操作中，为了避免切断集电极回路，也可以通过测量集电极负载电阻两端的直流电压值，利用欧姆定律计算出集电极电流的近似值。

2. 借助于示波器调试

在放大电路输入端加上一定频率和幅值的输入信号后，通过观察放大电路输出波形来调整静态工作点。如输出信号出现双向失真，则减小输入信号幅值；如输出信号出现饱和失真现象，则需增大基极上的偏置电阻；如输出信号出现截止失真，则需减小基极上的偏置电阻。在调试时应反复观察和调整，使输出信号幅值最大，失真最小时，即为最佳静态工作点位置。

三、放大电路的动态分析

（一）放大电路的主要技术指标

研究放大电路，除了要保证放大电路具有合适的静态工作点外，更重要的是还要研究其放大性能。对于放大电路的放大性能有两个要求：一是放大倍数尽可能大；二是输出信号尽可能不失真。衡量放大电路性能的重要指标有放大倍数、输入电阻、输出电阻。

1. 放大倍数

放大倍数是衡量放大电路放大能力的指标。它是输出信号与输入信号之比。常用的有电压放大倍数和电流放大倍数。

电压放大倍数的定义为：

$$A_u = \frac{u_o}{u_i} \qquad\qquad (2.15)$$

电流放大倍数的定义为：

$$A_i = \frac{i_o}{i_i} \qquad\qquad (2.16)$$

2. 输入电阻 r_i

如图 2.20 所示，放大电路的输入端可以用一个等效交流电阻 r_i 来表示，它定义为：

$$r_i = \frac{u_i}{i_i} \qquad\qquad (2.17)$$

放大器接到信号源上以后，就相当于信号源的负载电阻，r_i 越大，表示放大器从信号源（或前一级放大器）获取的电流越小，信号利用率越高，所以 r_i 的大小直接关系到信号源（或前一级放大器）的工作情况。对于以电压源作为信号源的放大器，希望输入电阻越大越好。

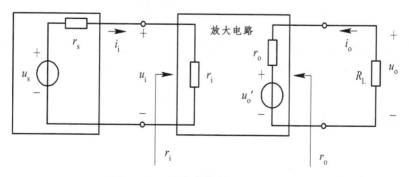

图 2.20　放大电路的原理方框图

3. 输出电阻 r_o

如图 2.20 所示，从放大电路输出端看，放大电路对于负载 R_L 相当于一个信号源，该信号源的内阻就是放大电路的输出电阻，用 r_o 表示，它定义为

$$r_o = \frac{u_o}{i_o} \qquad (2.18)$$

通常希望放大器的输出电阻越低越好，这样放大器带负载的能力就越强。

（二）共射极放大电路性能指标的估算

动态指标是针对交流分量而言的，所以应根据交流通路来确定。共射极放大电路及其交流通路如图 2.21 所示。

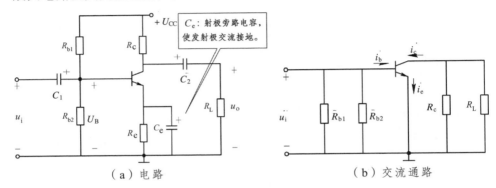

（a）电路　　　　　　　　　　　（b）交流通路

图 2.21　共射极放大电路

1. 电压放大倍数

有载时的电压放大倍数为：

$$A_u = \frac{u_o}{u_i} = -\frac{\beta i_b R'_L}{i_b r_{be}} = -\beta \frac{R'_L}{r_{be}} \qquad (2.19)$$

式中，" - "表示输入信号与输出信号相位相反，β 为三极管的电流放大系数，R'_L 为集电极电阻 R_C 与负载电阻 R_L 并联的等效电阻，r_{be} 为三极管基极到发射极的交流等效电阻。对于低频小功率三极管，r_{be} 的数值可以用下列公式估算，一般在 $1\ \text{k}\Omega$ 左右。

$$r_{be} = 300 + (1+\beta)\frac{26\ (\text{mV})}{I_{EQ}\ (\text{mA})} \qquad (2.20)$$

空载时电压放大倍数为：

$$A'_u = -\beta \frac{R_c}{r_{be}} \qquad (2.21)$$

显然，$\left|A'_u\right| > \left|A_u\right|$，说明放大电路带上负载后放大倍数将降低。

2. 输入电阻 r_i

$$r_i = \frac{u_i}{i_i} = R_b // r_{be} \cdots (R_b = R_{b1} // R_{b2})$$

$R_b \gg r_{be}$ 时：　　$r_i = R_b // r_{be} \approx r_{be}$

$$(2.22)$$

3. 输出电阻 r_o

$$r_o = R_c \qquad (2.23)$$

例 2.3　放大电路如图 2.21（a）所示，已知三极管的参数 $\beta = 60$，$U_{BEQ} = 0.7$ V，$R_{b1} = 60$ kΩ，$R_{b2} = 20$ kΩ，$R_c = 3$ kΩ，$R_e = 2$ kΩ，$R_L = 6$ kΩ，$U_{CC} = 12$ V。试求该电路的：① 静态工作点；② A_u、r_i 和 r_o。

解　① 静态工作点估算如下：

$$U_{BQ} = \frac{R_{b2}}{R_{b1} + R_{b2}} U_{CC} = \frac{20}{60+20} \times 12 = 3 \quad (V)$$

$$U_{EQ} = U_{BQ} - U_{BEQ} = 3 - 0.7 = 2.3 \quad (V)$$

$$I_{CQ} \approx I_{EQ} = \frac{U_{EQ}}{R_e} = \frac{2.3}{2} = 1.1 \quad (mA)$$

$$U_{CEQ} \approx U_{CC} - I_{CQ}(R_c + R_e) = 12 - 1.1 \times (3+2) = 6.5 \quad (V)$$

$$I_{BQ} = \frac{I_{CQ}}{\beta} = \frac{1.1}{60} = 0.018 \quad (mA)$$

$$r_{be} = 300 + (1+60) \times \frac{26}{1.1} \approx 1.7 \quad (k\Omega)$$

② $\quad A_u = -\beta \dfrac{R'_L}{r_{be}} = -60 \times \dfrac{(3 /\!/ 6)}{1.7} = -70.6$

$$r_i = R_{b1} /\!/ R_{b2} /\!/ r_{be} = 60 /\!/ 20 /\!/ 1.7 \approx 1.53 \quad (k\Omega)$$

$$r_o = R_c = 3 \quad (k\Omega)$$

（三）放大倍数、输入及输出电阻的测量方法

1. 电压放大倍数大小的测量

电压放大倍数 A_u 可以是输出电压有效值与输入电压有效值之比，也可以是输出电压峰峰值与输入电压峰峰值之比，即：

$$|A_u| = \frac{U_o}{U_i} = \frac{U_{op\text{-}p}}{U_{ip\text{-}p}} \qquad (2.24)$$

实验中，当用示波器监视放大电路输出电压的波形不失真时，用电压毫伏表分别测量空载和带载时的输入、输出电压有效值或用示波器测出输入、输出电压的峰峰值，然后按上式计算电压放大倍数。

2. 输入电阻的测量

输入电阻的大小表示放大电路从信号源或前级放大电路中获取电流的多

少。输入电阻越大，获取的前级电流越小，对前级的影响就越小。

输入电阻的测量原理参见图 2.20。图中，在信号源与放大电路之间串入一个已知阻值的电阻 r_s，用毫伏表分别测试 r_s 两端的电压 u_s 和 u_i 或用示波器测 u_s 和 u_i 的峰峰值，则输入电阻为：

$$r_i = \frac{u_i}{i_i} = \frac{U_i}{U_s - U_i} r_s = \frac{U_{ip-p}}{U_{sp-p} - U_{ip-p}} r_s \qquad (2.25)$$

r_s 值不宜取得过大，过大容易引入干扰；但也不宜过小，过小易引起较大的测量误差，最好取 r_s 与 r_i 的阻值为同一数量级。

3. 输出电阻的测量

输出电阻的大小表示电路带负载的能力大小。输出电阻越小，带负载能力越强。

输出电阻的测量原理参见图 2.20。用毫伏表分别测量放大电路的开路电压 u'_o 和负载电阻上的电压 u_o 或用示波器测开路电压 u'_o 和负载电阻上的电压 u_o 的峰峰值，则输出电阻可通过计算求得：

$$u_o = \frac{u'_o}{r_o + R_L} R_L \qquad (2.26)$$

$$r_o = \frac{u'_o - u_o}{u_o} R_L = \frac{U'_{op-p} - U_{op-p}}{U_{op-p}} R_L \qquad (2.27)$$

四、共集、共基组态的放大电路

（一）共集放大电路

共集放大电路如图 2.22（a）所示，交流信号从基极输入，从发射极输出，故该电路又称射极输出器。图 2.22（b）为对应的交流通路。由交流通路可以看出，集电极为输入、输出的公共端，故称为共集电极放大电路（简称共集放大电路）。

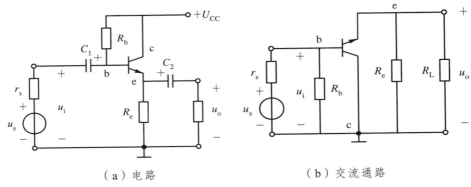

（a）电路　　　　　　　　　　　　（b）交流通路

图 2.22　共集放大电路

共集放大电路的特点是：

① 静态工作点稳定。由于有发射极电阻 R_e，具有稳定静态工作点的作用，其稳定过程为：

$$T \uparrow \Rightarrow I_{CQ} \uparrow \Rightarrow U_{EQ} \uparrow \Rightarrow U_{BEQ} \downarrow \Rightarrow I_{BQ} \downarrow \Rightarrow I_{CQ} \downarrow$$

② 电压放大倍数恒小于 1（近似为 1），即：

$$A_u = \frac{u_o}{u_i} = \frac{(1+\beta)R'_L}{r_{be} + (1+\beta)R'_L} \approx 1 \tag{2.28}$$

由于放大倍数近似为 1，且为正，所以，输出、输入的大小近似相等、相位相同，故该电路又称为射极跟随器。

③ 输入电阻大，即：

$$r_i = R_b // \left[r_{be} + (1+\beta)R'_L \right] \tag{2.29}$$

由此可见，共集放大电路的输入电阻比共射极放大电路大得多。对电压信号源来说，该电路的输入端能较准确地反映信号源电压 u_s。

④ 输出电阻小，即：

$$r_o \approx \frac{r_{be} + (r_s // R_b)}{1+\beta} \tag{2.30}$$

由此可见，该电路具有很小的输出电阻，若用作多级放大电路的输出级，则可大大提高电路的带负载能力。

（二）共基放大电路

共基极放大电路（简称共基放大电路）如图 2.23 所示，直流通路采用分压偏置式，交流信号经 C_1 从发射极输入，从集电极经 C_2 输出，C_1、C_2 为耦合电容，C_b 为基极旁路电容，使基极交流接地，故称为共基放大器。

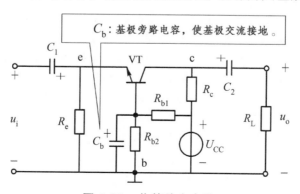

图 2.23 共基放大电路

五、三种基本组态放大电路的比较

三种组态的放大电路是用三极管组成放大电路的基本形式，其他类型的单级放大电路归根结底都是由这三种电路变化而来的。三种组态的基本放大电路的比较见表 2.2。

表 2.2　三种组态的基本放大电路的比较

分类	共发射极电路	共集电极电路	共基极电路
电路	（电路图）	（电路图）	（电路图）
A_u	$-\beta \dfrac{R'_L}{r_{be}}$	$\dfrac{(1+\beta)R'_L}{r_{be}+(1+\beta)R'_L} \approx 1$	$\beta \dfrac{R'_L}{r_{be}}$
R_i	中（几百欧～几千欧）	大（几十千欧以上）	小（几欧～几十欧）
R_o	中（几十千欧～几百千欧）	小（几欧～几十欧）	大（几百千欧～几兆欧）
频率响应	差	较好	好
应用场合	一般放大，多级放大器的中间级	输入级、输出级或阻抗变换、缓冲（隔离）级	高频放大、宽频带放大振荡及恒流电源

六、放大电路的频率响应

（一）频率响应的概念

前面讨论放大电路的性能时，都是以单一频率的正弦信号为对象的。在实际工作中，所遇到的信号并非单一频率，而是在一段频率范围内变化。在放大电路中，由于存在耦合电容、旁路电容、三极管的结电容与电路中的杂散电容等，它们的容抗都将随着频率变化而变化，从而影响信号的传输效果，使同一放大电路对不同频率的信号具有不同的放大作用。我们把放大电路对不同频率正弦信号的放大效果称为频率响应。

放大电路的频率响应可以直接用放大电路的电压放大倍数与频率的关系来描述，即：

$$A_u = \dot{A}_u(f) \angle \varphi(f) \qquad (2.31)$$

式中，$\dot{A}_u(f)$ 表示电压放大倍数的模与频率的关系，称为幅频特性，而 $\varphi(f)$

表示放大电路输出电压与输入电压之间的相位差与频率的关系，称为相频特性。两者综合起来称为放大电路的频率响应。

（二）单级阻容耦合放大电路的频率响应

图 2.24（a）所示是单级阻容耦合共射极放大电路，图（b）、（c）所示是其频率响应特性，其中图（b）是幅频特性、图（c）是相频特性。

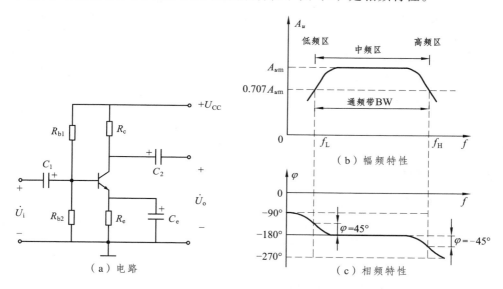

图 2.24　单极阻容耦合放大电路的频率响应

由图 2.24 中可见，在某一段频率范围内，电压放大倍数与频率无关，输出信号与输入信号相位差为 − 180°，这个频率范围称为中频区。在中频区之外，随着频率的降低或增加，电压放大倍数都要减小，相位差也要发生变化。

在中频区，由于耦合电容和射极旁路电容的容量较大，其等效容抗很小，可视为短路。另外，三极管的结电容以及电路中的杂散电容很小，等效容抗很大，可视为开路。所以在中频区，可认为信号在传输过程中不受电容的影响，从而使电压放大倍数几乎不受频率变化的影响，该区的特性曲线较平坦。

在低频区，A_u 下降的原因是由于耦合电容 C_1、C_2 以及射极旁路电容 C_e 的等效容抗随频率下降而增加，从而使信号在这些电容上的压降也随之增加，因而减少了输出电压 U_o，导致低频段 A_u 的下降。

在高频区，由于三极管的极间电容和电路中的分布电容因频率升高而等效容抗减小，对信号的分流作用增大，降低了集电极电流和输出电压 U_o，导致高频区 A_u 的下降。

　　工程上把因频率变化使电压放大倍数 A_u 下降到中频放大倍数 A_{um} 的 0.707 倍时所对应的低频频率点和高频频率点，分别称为下限截止频率 f_L 和上限截止频率 f_H。在这两个频率之间的频率范围称为通频带，用 BW 表示，即

$$\text{BW} = f_H - f_L \tag{2.32}$$

　　通频带是放大电路频率响应的一个重要指标。通频带越宽，表示放大电路工作的频率范围越宽。例如，质量好的音频放大器，其通频带可达 20 Hz ~ 20 kHz。

　　由于通频带不会是无穷大，因此，当输入信号包含有若干多次谐波成分时，放大器对不同频率信号的放大倍数不同和相位不同，从而使输出信号与输入信号不同，即产生了频率失真。由于它是电抗元件引起的，电抗元件是线性元件，故将这种失真称为线性失真。

　　在多级放大电路中，随着级数的增加，其通频带变窄，且窄于任何一级放大电路的通频带。

🏃 实践操作

一、目的

1. 学会对电路中使用的元器件进行检测与筛选。
2. 学会单管共射极放大电路的搭接方法。
3. 学会共射极放大电路的调试与测试方法。
4. 学会低频信号发生器的使用方法。

二、器材

1. 万用表、双踪示波器、直流稳压电源、低频信号发生器。
2. 搭接、测试电路见图 2.25，配套电子元件及材料见表 2.3。

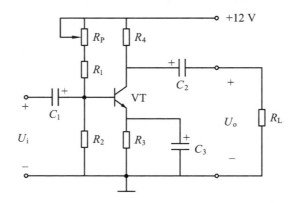

图 2.25　单管共射极放大电路

表 2.3　配套电子元件及材料明细表

代　号	名　称	规　格	代　号	名　称	规　格
R_1	碳膜电阻	20 kΩ / 0.25 W	C_1	电解电容器	10 μF / 25 V
R_2	碳膜电阻	10 kΩ / 0.25 W	C_2	电解电容器	10 μF / 25 V
R_3	碳膜电阻	1 kΩ / 0.25 W	C_3	电解电容器	47 μF / 25 V
R_4	碳膜电阻	5.1 kΩ / 0.25 W	VT	三极管	9 014
R_L	碳膜电阻器	5.1 kΩ / 0.25 W	面包板 1 块		
R_P	电位器	100 kΩ / 0.5 W	连接导线若干		

三、操作步骤

（一）读电路图，了解电路组成

读电路图，了解电路中各元件的符号及参数大小、特性和作用。

（二）元器件的清点、识别、测试

根据元件外形或用万用表测试，区分出各元器件的管脚，并通过手册查阅元件的技术参数。

（三）在面包板上进行电路搭接

熟悉面包板的使用和搭接技巧，按工艺要求在面包板上搭接电路。应注意三极管的管脚和电容器的极性，多检查，不要出现短路。

（四）放大电路的调整与测试

1. 静态工作点的调整与测试

反复检查搭接电路，在电路连接无误的情况下，接上直流稳压电源，输出电压调到 + 12 V 后接入电路，用低频信号发生器在输入端输入 20 mV、频率为 1 kHz 的正弦信号，用示波器接输出端观察输出波形。

观察示波器中放大电路输出波形的变化，反复调整 R_P，当示波器中出现最大不失真输出信号的波形时，则放大电路的静态工作点调节为最佳位置。去掉输入信号，用万用表测试三极管三个电极对地的电压，并记录于表 2.4 中，确定三极管的静态工作点，即 U_{BQ}、U_{EQ}、I_{CQ}、U_{CEQ}，并分析它们对放大电路的作用。

表 2.4　静态工作点测试记录

测试值			计算值		
U_{BQ} / V	U_{EQ} / V	U_{CQ} / V	I_{CQ} / mA	U_{BEQ} / V	U_{CEQ} / V

2. 放大电路的动态测试

在静态调节好的基础上，用信号发生器在其输入端输入 20 mV、频率为 1 kHz 的正弦信号，用示波器分别接在输入端和输出端，观察输入信号和输出信号的波形。结果发现：输入端正弦信号幅度很小，而输出端得到一个幅度很大的正弦信号。用示波器测试其输入、输出峰峰值，并记录于表 2.5 中，比较输入、输出幅值的大小，确定放大电路的电压放大倍数。

表 2.5　电压放大倍数测试记录

测试条件	测试值		计算值
	输入电压峰峰值 $U_{ip\text{-}p}$ / V	输出电压峰峰值 $U_{op\text{-}p}$ / V	电压放大倍数 $A_u = U_{op\text{-}p} / U_{ip\text{-}p}$
输出有载时			
输出无载时			

3. 放大电路的频率响应测试

保持输入信号的幅值，改变其频率（高频或低频），观察频率对放大倍数的影响，记录放大电路的下限截止频率和上限截止频率，确定放大电路的通频带。

📝 课外练习

一、判断题

1. 共射极放大电路是由集电极负载电阻将电流变化量转换成电压变化量，从而实现电压放大。　　　　　　　　　　　　　　　　　（　　　）

2. 放大电路所谓的"静态"就是电路输入信号为零时的工作状态。

（　　　）

3. 分压式偏置电路中，偏置电阻与集电极电流成正比关系。　（　　　）

4. 放大电路不设置静态点也能不失真地放大输入信号。　（　　　）

5. 设置静态工作点后，三极管的输入、输出信号是由交流分量与直流分量叠加而成的。　　　　　　　　　　　　　　　　　　（　　　）

6. 放大电路必须加上合适的直流电源才能正常工作。　（　　　）

7. 放大电路的输入电阻越小，从前级电路获取的电流越小。　（　　　）

8. 共集放大电路的电压放大倍数近似为 1，所以共集放大电路对电路没用。

（　　　）

9. 可以说任何放大电路都有功率放大的作用。   （   ）

10. 当放大电路输出出现顶部失真时,就是截止失真。   （   ）

二、选择题

1. 共射极放大电路中,基极电流与集电极电流的相位关系是（   ）。

　　A. 同相　　　　　B. 反相　　　　　C. 不确定

2. 共射极放大电路中,输入电压与输出电压的相位关系是（   ）。

　　A. 同相　　　　　B. 反相　　　　　C. 不确定

3. 调整输入信号使共射极放大电路的输出为最大且刚好不失真,若再增大输入信号,电路将出现（   ）。

　　A. 截止失真　　　　B. 饱和失真　　　　C. 双向失真

4. 分压式偏置电路中,上偏置电阻变大,集电极静态工作电流将（   ）。

　　A. 变大　　　　　B. 变小　　　　　C. 不变

5. 阻容耦合放大电路在高频区电压下降的原因是由于（   ）存在。

　　A. 隔直耦合电容　　　B. 晶体管的极间电容和分布电容

　　C. 晶体管的非线性特性

三、分析计算题

1. 放大电路如图 2.26（a）所示,已知 $U_{CC} = 12$ V, $R_b = 400$ kΩ, $R_c = 2.0$ kΩ,三极管的 $\beta = 100$, $r_{BE} = 1$ kΩ, U_{BEQ} 忽略不计,求此电路的静态工作点值（ I_{BQ}, I_{CQ}, U_{CEQ} ）；由于调整 R_b 使电路静态工作点改变,当输入交流正弦信号时,测得输出波形如图 2.26（b）所示,试判断电路是何种失真？如何调整 R_b 才能改善此失真？

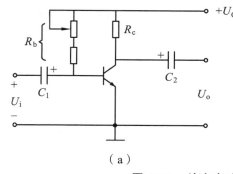
（a）

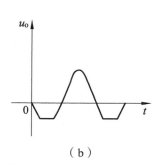
（b）

图 2.26　放大电路及其波形

2. 在图 2.27 所示固定偏置放大电路中,已知晶体管的 $\beta = 100$, $R_C = 2$ kΩ, $U_{CC} = 12$ V, U_{BEQ} 忽略不计。

① 若测得静态管压降 $U_{CEQ} = 6\,V$，求 I_{CQ}、I_{BQ}、$R_b(k\Omega)$；

② 若测得 $\dot{U}_i$ 和 $\dot{U}_o$ 的有效值分别为 $1\,mV$ 和 $100\,mV$，求电路的电压放大倍数 A_u 及负载电阻 $R_L(k\Omega)$ 分别为多少。

3. 分压式共射放大电路如图 2.28 所示，$U_{BEQ} = 0.7\,V$，$\beta = 50$，其它参数如图中标注。求：① 静态工作点 I_{BQ}、I_{CQ}、U_{CEQ}；② 空载电压放大倍数 A'_u 以及输入电阻 r_i、输出电阻 r_o；③ 当负载 $R_L = 2\,k\Omega$ 时的电压放大倍数 A_u。

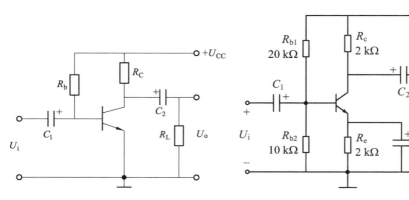

图 2.27　固定偏置放大电路　　　　图 2.28　分压式共射放大电路

🔒 任务实施　制作路灯亮熄自动控制器

一、信息搜集

1. 路灯自动控制电路的工作原理信息。

2. 路灯控制电路中，光敏元件、电磁继电器、三极管、二极管应用的有关信息。

3. 电路中元器件的型号、参数信息。

4. 装配电路所需的材料、工具、仪器等信息。

5. 装配电路的工艺流程和工艺标准。

6. 相应示波器、直流稳压电源的使用手册。

二、相关元器件简介

（一）光敏元件

光敏元件是利用物质在光的照射下其导电性能或产生的电动势发生改变而制成的器件，常见的有光敏电阻、光敏二极管、光敏三极管、光电耦合器等。

1. 光敏电阻

光敏电阻如图 2.29 所示，在半导体光敏材料两端装上电极引线，将其封装在带有透明窗的管壳里，两电极常做成梳状，可增加灵敏度，其外形如图 2.29（a）所示。

（a）外形

光敏电阻在受到光照射时，将产生电子-空穴对，使电阻率变小，流过光敏电阻的电流增加；当光线较弱时，光敏电阻的阻值增加，流过光敏电阻的电流减少。光敏电阻的这种光敏特性，可应用于照相机自动测光、光控音箱、光控灯、室内光线控制、光电控制系统等场合中。

（b）符号

图 2.29 光敏电阻

2. 光敏二极管

光敏二极管如图 2.30 所示。

光敏二极管与光敏电阻相比，具有灵敏度高、高频性能好、可靠性好、体积小和使用方便等优点。

光敏二极管在使用时必须加反向电压接入电路，即正极接电源的负极，而负极接电源的正极。

（a）外形   （b）符号

图 2.30 光敏二极管

光敏二极管的极性可以通过其外观判断。对于金属壳封装的，金属下面有一个凸块，与凸块最近的那只管脚是正极，另一只管脚则是负极。有些光敏二极管上标有色点的管脚为正极，另一只管脚是负极。另外还有的光敏二极管的两只管脚长短不一样，长脚为正极，短脚为负极。对于长方形的光敏二极管，往往做出标记角，指示受光面的方向为正极，另一方向为负极。

光敏二极管的极性也可以借助万用表检测，检测方法与普通二极管的检测方法一样。

3. 光敏三极管

光敏三极管具有两个 PN 结，其基本原理与光敏二极管相同；但它把光信号变成电信号的同时，还放大了信号电流，因此具有更高的灵敏度。一般光敏三极管的基极已在管内连接，只有 C 和 E 两根引出线（也有将基极线引出的），如图 2.31 所示。

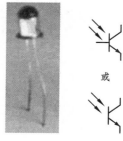

（a）外形   （b）符号

图 2.31 光敏三极管

光敏二极管和光敏三极管也分硅管和锗管，例如，2AU（二极管）、3AU（三极管）等是锗管；2CU、2DU、3CU、3DU 等是硅管。

在使用光敏管时，不能从外形来区别是二极管还是三极管，只能由型号来判定。

光敏三极管和普通三极管的结构相类似。不同之处是光敏三极管必须有1 个对光敏感的 PN 结作为感光面，一般用集电结作为受光结。

4. 光电耦合器

光耦合器（英文缩写为 OC）亦称光电隔离器或光电耦合器，简称光耦。它是以光为媒介来传输电信号的器件，通常把发光器（红外线发光二极管 LED）与受光器（光敏半导体管）封装在同一管壳内。当输入端加电信号时发光器发出光线，受光器接收光线之后就产生光电流，从输出端流出，从而实现了"电—光—电"转换。图 2.32 所示为光电耦合器的电气符号。

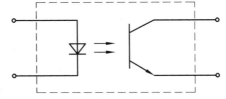

光耦合器的主要优点是单向传输信号，输入端与输出端完全实现了电气隔离，抗干扰能力强，使用寿命长，传输效率高。它广泛用于电平转换、信号隔离、级间隔离、开关电路、远距离信号

图 2.32　光电耦合器的电气符号

传输、脉冲放大、固态继电器（SSR）、仪器仪表、通信设备及微机接口中。

图 2.33 所示为光电耦合器用于 PLC 输入接口电路，通过光电耦合器隔离输入电路与 PLC 内部电路的电气连接，并使外部信号通过光电耦合器变成PLC 内部电路接收的标准信号。

光电耦合器也用于 PLC 输出接口电路，起着电平转换、信号隔离的作用。

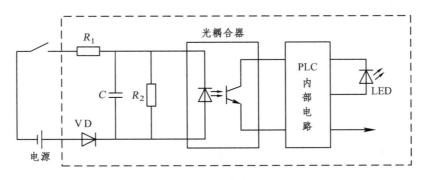

图 2.33　PLC 直流开关量输入接口电路

（二）三极管的驱动作用

由于计算机和 PLC 的输出接口电流很小，不能直接驱动执行元件（显示管、继电器线圈等），可利用三极管的电流放大作用增大电流，驱动执行元件工作。因此，三极管常作为数字集成芯片输出接口中的驱动元件，由它驱动执行元件工作。驱动电路中的三极管一般都工作在开关状态，由于三极管的电流放大作用，其输入电流一般只有输出电流的几十分之一。采用三极管驱动，电路简单，所用三极管按需要的功率来选定。

图 2.34（a）所示为简单的三极管驱动电路，由单片机 I/O 口线提供基极信号。图 2.34（b）所示为门控三极管驱动电路。图 2.34（c）所示为达林顿驱动电路，由两个三极管组成达林顿三极管，采用多级放大可以增加输出电流而避免增加输入电流。

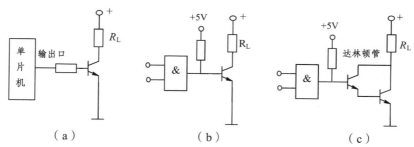

（a）　　　　　　　　（b）　　　　　　　　（c）

图 2.34　几种三极管驱动电路

（三）电磁继电器

1. 电磁继电器的工作原理

电磁继电器是自动控制电路中常用的一种元件。实际上它是用较小电流控制较大电流的一种自动开关，广泛应用于各种电子设备中。

电磁继电器一般由一个线圈、铁芯、一组或几组带触点的簧片组成。触点有动、静触点之分，在工作中能够动作的称为动触点，不能动作的称为静触点。

在电路中，电磁继电器的图形符号如图 2.35 所示。图中，继电器线圈用长方形框表示，其次是常开触点和常闭触点。

电磁继电器的工作原理是：当线圈通电以后，铁芯被磁化产生足够大的电磁力，吸动衔铁并带动簧片，使动触点和静触点闭合或断开；当线圈断电后，电磁吸力消失，衔铁返回原来的位置，动触点和静触点又恢复到原来闭合或断开的状态。应用时只要把需要控制的电路接到触点上，就可利用继电器达到控制的目的。

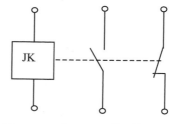

图 2.35　电磁继电器的图形符号

2. 电磁继电器的主要特性参数

① 额定工作电压或额定工作电流：继电器正常工作时线圈需要的电压或电流。同一种型号的继电器其构造大体相同。为了适应不同电压的电路使用，同一种型号的继电器通常有多种额定工作电压或额定工作电流，并用规格型号加以区别。

② 直流电阻：线圈的直流电阻。有些产品说明书中给出额定工作电压和直流电阻，这时可根据欧姆定律求出额定工作电流。若已知额定工作电流和直流电阻，亦可求出额定工作电压。

③ 吸合电流：继电器能够产生吸合动作的最小电流。在实际使用中，要使继电器可靠吸合，给定电压可以等于或略高于额定工作电压，一般不要大于额定工作电压的 1.5 倍，否则会烧毁线圈。

④ 释放电流：继电器产生释放动作的最大电流。如果减小处于吸合状态的继电器的电流，当电流减小到一定程度时，继电器恢复到未通电时的状态，这个过程称为继电器的释放动作。释放电流比吸合电流小得多。

⑤ 触点负荷：继电器触点允许的电压或电流。它决定了继电器能控制的电压和电流的大小。实际应用时不能用触点负荷小的继电器去控制大电流或高电压。例如：JRX-13F 电磁继电器的触点负荷是 0.02A×12 V，就不能用它去控制 220 V 的电路通断。

三、实施方案

1. 确定路灯控制电路原理图，如图 2.1 所示。

2. 确定焊接所需的工具：剥线钳、斜口钳、5 号一字螺丝刀和十字螺丝刀、电烙铁及烙铁架、镊子、剪刀、焊锡丝、松香。

3. 确定与电路原理图对应的实际元件和材料，见表 2.6。

表 2.6　配套元件及材料的明细表

代号	名称	规格	代号	名称	规格
R_1	碳膜电阻	100 kΩ / 0.25 W	VT_1、VT_2	三极管	9013
R_2	碳膜电阻	3 kΩ / 0.25 W	R_P	电位器	100 kΩ / 0.5 W
R_3	碳膜电阻	1 kΩ / 0.25 W	VD_1	发光二极管	φ3 mm，红色
R_4	碳膜电阻	1 kΩ / 0.25 W	φ 0.8 mm 镀锡铜丝若干		
R_5	光电电阻	MG5626	焊料、助焊剂、绝缘胶布若干		
VD_2	开关二极管	1N4148	万能电路板 1 块		
JK	高低切换继电器	JZC22F DC12 V / 10 A	紧固件 M4×15　4 套 多股软导线 400 mm		
L	白炽灯	220 V / 25 W	与 220 V / 25 W 白炽灯配套的灯座一套		

4. 确定电路装配的工艺流程及测试工艺。

5. 确定测试仪器、仪表：万用表，双踪示波器，直流稳压电源。

6. 制订任务进度。

四、工作计划与步骤

（一）读电路图，分析电路的工作原理

图 2.1 所示是利用光敏电阻 R_5 构成的路灯亮熄自动控制电路，其原理是：当天快黑时，光敏电阻 R_5 由于无光照，反向电阻增大，于是晶体管 VT_1 的基极电压升高至 4 V 左右，VT_1 导通，VT_2 导通，继电器 JK 线圈得电，常开触点 JK 闭合，接通 220 V 电路，灯泡点亮；当天明时，由于光敏电阻受到光照，反向电阻减小，VT_1 的基极与发射极电压下降至 0.7 V 以下，VT_1 截止，VT_2 截止，继电器 JK 线圈失电，常开触点恢复断开，路灯熄灭。在该电路中，VT_1 起放大作用，VT_2 起驱动作用；发光二极管作为路灯控制电路的工作指示灯，只要控制电路一通电，它就会发光，表明控制电路得电。

（二）元器件的清点、识别、测试

根据元件外形判断或用万用表测试，确定各实际元件的参数和管脚，特别是发光二极管、三极管以及续流二极管、继电器线圈和触点的管脚。

（三）进行电路的布局与布线，并焊接与装配电路

按工艺要求在通用电路板上设计装配图，并进行电路的布局与布线。应注意发光二极管 VD_1、续流二极管 VD_2、三极管 VT_1 和 VT_2 的管脚和继电器线圈的极性。

按设计的装配布局图进行装配，装配时应注意：

① 电阻器采用水平安装方式，电阻体贴紧电路板。

② 继电器采用垂直安装方式，贴紧电路板，注意继电器线圈的正、负极性。

③ 三极管采用垂直安装方式，三极管底部离开电路板 10 mm，注意引脚极性。

④ 电位器贴紧电路板安装，不能歪斜。

⑤ 照明路灯应先装灯座，再上白炽灯，并注意高、低压的分离，不能挨得太近。

⑥ 电路板的自检。检查电路的布线是否正确，焊接是否可靠，有无漏焊、虚焊、短路等现象。由于电路简单，可采用直观法检查故障。所谓直观检查法，就是利用人的感觉器官，通过眼看、耳听、鼻闻、手模等方法对电路进行检查。这种检查方法简单方便，对简单电路的一般故障很有效。

直观检查法可以在断电和通电两种情况下进行。一般先断电观察，看看有无导线松脱，观察有无漏装、错装元件，有极性的元件，极性是否安装正

确，元件引脚有无短路、断线，电阻有无烧焦、变色，电解电容器有无漏液、胀裂、变形，焊点是否良好。也可用手轻轻拔一拔被怀疑的元件，试试有无脱焊和松动，直接找出故障点，加以排除。

如果断电检查没有发现故障，就可以进行通电检查。重点观察容易发热的元器件，如变压器、大功率晶体管、集成电路、大功率电阻器等，观察有无冒烟、打火、异味和发出异常声响等现象。还可以在通电一段时间后，再断电用手指去触摸元器件表面，看看是否有过热现象，以判断故障元件。

（四）通电观察与测试

反复检查组装电路，在电路组装无误的情况下，接上直流稳压电源，将输出电压调到 + 12 V。

若为白天，路灯应不亮，对应的发光二极管也不亮，用万用表测试 VT_1、VT_2 的基极、发射极、集电极的电位，并记录于表 2.7 中；天黑下来时，路灯点亮，对应的发光二极管发亮，此时用万用表测试 VT_1、VT_2 的基极、发射极、集电极的电位，并记录于表 2.7 中，根据观察的现象和测试数据，判断电路是否正确，如不正确，需进行检查，排除故障。

表 2.7 电路测试记录

三极管	VT_1				VT_2			
测试值	V_{B1} / V	V_{E1} / V	V_{C1} / V	状态	V_{B2} / V	V_{E2} / V	V_{C2} / V	状态
灯不亮时								
灯亮时								

五、验收评估

电路装配、测试完成后，按以下标准验收评估。

（一）装配

① 布局合理、紧凑。

② 导线横平竖直，转角呈直角，无交叉。

③ 元件间的连接与电路原理图一致。

④ 高低电路分离。

⑤ 电阻器、继电器水平安装，紧贴电路板。

⑥ 三极管垂直安装，高度符合工艺要求且平整、对称。

⑦ 按图装配，元件的位置、极性正确。

⑧ 焊点光亮、清洁，焊料适量。

⑨ 布线平直。

⑩ 无漏焊、虚焊、假焊、搭焊、溅焊等现象。

⑪ 焊接后元件引脚留头长度小于 1 mm。

⑫ 线路若一次装配不成功，需检查电路、排除故障直至电路正常。

（二）测试

① 正确接入直流电源，按要求进行测试和判断。

② 正确使用万用表和直流稳压电源。

（三）安全、文明生产

① 安全用电，不人为损坏元器件、加工件和设备等。

② 保持实验环境整洁，操作习惯良好。

③ 认真、诚信地工作，能较好地和小组成员交流、协作完成工作。

六、资料归档

在任务完成后，编写技术文档。技术文档中需包含：产品的功能说明；产品的电路原理图及原理分析；工具、测试仪器仪表、元器件及材料清单；通用电路板上的电路布局图；产品制作工艺流程说明；测试结果分析；总结。

技术文档必须按国家标准对其进行标准化，经相关人员审核后存入技术档案室进行统一管理。

📝 思考与提高

1. 在图 2.1 所示的电路中，选择三极管的依据是什么？若电路中的感光元件换为光敏二极管，还能实现路灯的自动控制吗？试画出电路原理图，并说明其工作原理。

2. 在选用了上述电路、元件的基础上是否有更优、更经济的方案？请把它写出来。

学习项目 3
温控电路的分析与制作

🔧 项目描述

　　温度的检测与控制，在我们日常生活和工业生产中是非常常见的。例如，家用饮水机、电烤箱等家用电器，当温度达到一定温度（如饮水机的水加热到 100 ℃）时，饮水机或电烤箱内的加热器就自动停止加热，以实现温度的自动控制。图 3.1 所示为集成运算放大器实现温度控制的电路。其原理是：集成温度传感器将温度信号转换为电信号，然后提供给集成运算放大器构成的比较放大器作为比较信号，以实现温度控制。该电路简单、易实现、成本低，可作为温度调节范围不大的温控开关电路。

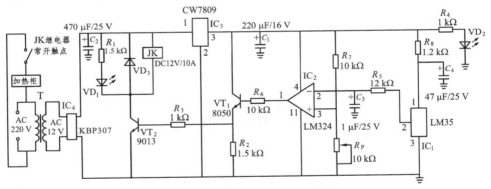

图 3.1　集成运算放大器实现温度控制的电路

🎯 项目要求

一、工作任务

　　1. 根据给定的温控开关电路图，认识电路的组成，确定实际电路器件，记录实际器件的规格、型号，并查阅实际器件的主要参数指标。
　　2. 分析电路的工作原理。
　　3. 进行电路的装配与测试，要求装配的电路能自动控制小型加热柜的温度。
　　4. 以小组为单位汇报分析及制作温控电路的思路及过程。
　　5. 完成产品技术文档。

二、学习产出

1. 装配好的电路板。

2. 技术文档（包括：产品的功能说明，产品的电路原理图及原理分析，元器件及材料清单，通用电路板上的电路布局图，电路装配的工艺流程说明，测试结果分析，总结）。

● 学习目标

1. 了解并掌握集成运算放大器的种类、特点、特性和主要性能指标；能根据不同的场合选用集成运算放大器。

2. 掌握集成运算放大器的线性应用及非线性应用。

3. 了解由集成运算放大器构成的各种放大电路，并掌握其分析方法。

4. 掌握集成放大电路的搭接、调试与测试技术。

5. 了解各种温度传感器的特点及应用，能正确选择温度传感器。

6. 掌握热电阻测温电路、温控开关电路的分析与制作方法，并掌握它们的调试与测试技术。

7. 掌握电压比较器的特性、种类及应用，以及各种电压比较器的分析与制作方法。能对电压比较电路进行调试与测试。

8. 具有安全生产意识，了解事故预防措施。

9. 能与他人合作、交流完成元件的测试、电路的组装与测试等任务，具有敬业乐业、敢于创新的精神和解决问题的关键能力。

▲ 基础训练 1　认知集成运算放大器

■ 相关知识

一、多级放大器的连接(耦合)方式

在实践中，为了提高放大电路的电压放大倍数，通常采用多级放大电路对信号进行放大。多级放大电路的连接（耦合）方式通常有三种：阻容耦合、变压器耦合和直接耦合。图 3.2 所示为三种耦合方式的连接图。

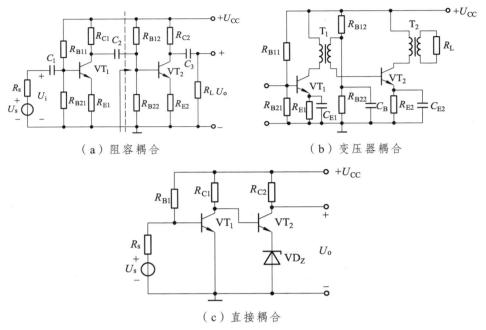

（a）阻容耦合　　　　　　　　　　　（b）变压器耦合

（c）直接耦合

图 3.2　多级放大电路的耦合方式

　　阻容耦合的优点：由于前后级是通过电容连接的，所以各级静态工作点是相互独立的，不相互影响，这给放大电路的分析、设计和调试带来了很大的方便。

　　阻容耦合的缺点：不适合传送缓慢变化的信号，更不能传送直流信号；另外，大容量的电容在线性电路中难以制造，所以阻容耦合方式在线性集成电路中无法使用。

　　变压器耦合的优点：能有效实现交流信号的传送，可以变换电压和实现阻抗匹配。

　　变压器耦合的缺点：不能传送直流信号；体积大、重量大、频率特性差，不易集成化。

　　直接耦合的优点：容易传送缓慢变化的信号，因此，既可以放大交流信号又可以放大直流信号，容易集成化。

　　直接耦合的缺点：前后级静态工作点相互影响；存在零点漂移现象（零点漂移现象就是输入信号为零时输出不为零的现象）。而零点漂移往往由温度变化引起，故零点漂移又常常称为温度漂移。

二、集成运算放大器的基本结构与符号

　　集成运算放大电路是采用专门的制造工艺，把各种电子元件及它们之间的

连线组成完整电路并制作在一起，具有放大功能的一种器件。集成运算放大电路最初多用于各种模拟信号的运算上，故被称为集成运算放大电路，简称集成运放（简写为 IC）。集成运放广泛用于模拟信号的处理和产生电路之中，因其高性能、低价格，在很多情况下已经取代了分立元件放大电路。

（一）集成运放的基本结构

集成运放是一种高增益的多级直接耦合放大器，广泛应用于信号处理、测量、波形产生等。图 3.3 所示为几种常用的集成运算放大器的外形图。

图 3.3　集成运算放大器的外形图

集成运算放大电路的组成如图 3.4 所示。

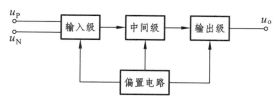

图 3.4　集成运算放大器的组成方框图

从图 3.4 中可以看出，集成运放主要由输入级、中间级、输出级和偏置电路组成。

偏置电路：为各级放大电路设置合适的静态工作点，多采用电流源电路。

输入级：也叫前置级，多采用差分放大电路，要求输入电阻高、输入端耐压高、抑制温度漂移能力强、静态电流小。

中间级：主放大级，多采用共射放大电路，要求有足够的放大能力。

输出级：功率级，多采用互补对称输出电路，要求输出电压范围宽、输出电阻小、非线性失真小。

（二）集成运放的符号

集成运算放大器的国家标准符号和国际标准符号如图 3.5 所示。

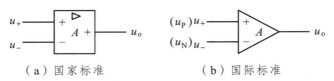

（a）国家标准　　　　　　　　（b）国际标准

图 3.5　集成运放的国家标准符号和国际标准符号

集成运算放大器有两个输入端："+"号表示同相输入端，意思是集成运放的输出信号与该输入端所加信号极性相同；"−"号表示反相输入端，意思是集成运放的输出信号与该输入端所加信号极性相反。输出端只有一个。

（三）差动放大器的基本工作原理

差动放大器的基本电路形式如图 3.6 所示。对此电路的要求是：其中两个电路的参数完全对称，两个管子的温度特性也完全对称。由于电路对称，当输入信号 $U_i = 0$ 时，两个管子的电流相等，两个管子的集电极电位也相等，所以输出电压 $U_o = U_{c1} - U_{c2} = 0$。如果温度上升使两个管子的电流均增加，则集电极的电位 U_{c1} 和 U_{c2} 均下降。由于两个管子处于同一温度环境，因此两个管子的电流变化量和电压变化量相等，即 $\Delta I_{c1} = \Delta I_{c2}$，$\Delta U_{c1} = \Delta U_{c2}$，其输出电压仍然为零，这说明，尽管每个管子的静态工作点均随温度变化，但输出电压却不随温度变化，且始终为零，故有效地抑制了零点漂移。从上述分析过程可知，差动放大器是靠电路的对称性来抑制零点漂移的。

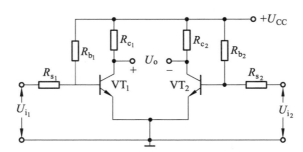

图 3.6　差动放大电路的基本形式

差动放大电路又是如何放大输入信号的呢？

输入信号有两种类型：共模信号和差模信号。

1. 差模信号及差模电压放大倍数 A_{ud}

差模信号是指两个输入端加幅值相等、极性相反的信号，即 $U_{i1} = -U_{i2}$。若将输入信号 U_{id} 从两个输入端加进去，由于差动放大器完全对称，于是就

有 $U_{i1} = \dfrac{1}{2}U_{id}$，$U_{i2} = -\dfrac{1}{2}U_{id}$，即形成差模信号，故需要放大的有用信号 U_{id} 又叫差模输入信号。

假设：$A_{u1} = \dfrac{U_{o1}}{U_{i1}}$ 是 VT$_1$ 管电路的电压放大倍数；$A_{u2} = \dfrac{U_{o2}}{U_{i2}}$ 是 VT$_2$ 管电路的电压放大倍数。因为电路完全对称，所以：

$$A_{u1} = A_{u2} = A_u$$

图 3.6 中的输出电压为：

$$U_{od} = U_{o1} - U_{o2} = A_{u1}U_{i1} - A_{u2}U_{i2} = A_u(U_{i1} - U_{i2}) = A_u U_{id}$$

差模放大倍数：

$$A_{ud} = \dfrac{U_{od}}{U_{id}} = A_u$$

由此可见，差动放大电路对差模输入信号具有放大作用。

2. 共模信号及共模放大倍数 A_{uc}

所谓共模信号，是指差动放大电路的两个输入端具有大小相等、极性相同的信号，即 $U_{i1} = U_{i2}$。由于电路对称，处于相同的温度环境中，故温度所引起的干扰信号对差动放大电路来说形成的是共模信号，即 $U_{i1} = U_{i2} = U_{ic}$。

对于共模信号来说，差动放大电路的输出电压为：

$$U_{oc} = U_{o1} - U_{o2} = A_{u1}U_{i1} - A_{u2}U_{i2} = A_u(U_{i1} - U_{i2}) = 0$$

共模放大倍数：

$$A_{uc} = \dfrac{U_{oc}}{U_{ic}} = 0$$

共模电压放大倍数也反映了电路抑制零点漂移的能力。这就说明，差动电路对称时，对共模信号的抑制能力特别强。通常将电路对差模信号的电压放大倍数与共模信号的电压放大倍数之比值称为共模抑制比（K_{CMR}），即：

$$K_{CMR} = \dfrac{A_{ud}}{A_{uc}}$$

很显然，共模抑制比 K_{CMR} 越大越好。

三、集成运算放大器的基本特性

（一）集成运放的电压传输特性

集成运放的输出电压与输入电压之间的关系称为电压传输特性。输入电压即集成运放的同相输入端与反相输入端之间的电位差。集成运放的两个输入端是源于输入级差动放大电路的两个输入端。同相输入端（＋）表示该端输入信号与输出相位相同，而反相输入端（－）表示该端输入信号与输出相位相反。

对于正、负两路电源供电的集成运放，电压传输特性如图 3.7（b）所示。y 轴方向为输出电压 u_o，x 轴方向为输入电压 $u_i = u_P - u_N$。从图中曲线可以看出，集成运放有线性放大区域（图中斜线部分）和非线性饱和区域（图中斜线区域外侧部分）两部分。在线性放大区，输出电压 u_o 随 u_i 的变化而变化，曲线的斜率为集成运放的电压放大倍数；在非线性区，输出电压只有两种情况，正向饱和电压 $+U_{om}$ 或负向饱和电压 $-U_{om}$。

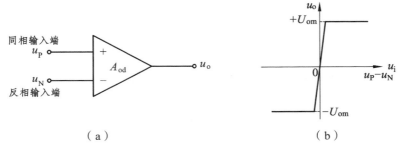

（a）　　　　　　　　　　　　　　　　（b）

图 3.7　集成运放的电压传输特性

（二）理想集成运放的主要性能指标

通常在分析各种实际电路时，我们都将集成运放的性能指标理想化，即将其看成为理想集成运放，它的主要性能指标有：

① 开环差模电压增益 $G_{ud} \to \infty$，是指集成运放在开环状态下（指输出端与输入端之间未接任何元件）的差模电压放大倍数。

电压增益表示的是放大电路对输入信号的放大能力，使用的表示方法是分贝表示法，其定义为：$G_{ud} = 20\lg A_{ud} = 20\lg \dfrac{U_{od}}{U_{id}}$，单位是分贝，用符号 dB 表示。

② 差模输入电阻 $r_{id} \to \infty$，是指集成运放在开环状态下，输入差模信号时两个输入端之间的动态电阻，它反映了差模输入时集成运放向信号源索取电流的大小。

③ 输出电阻 $r_o \to 0$，是指集成运放在开环状态下的动态输出电阻，它反映了集成运放带负载的能力。

④ 共模抑制比 $K_{CMR} \to \infty$，它反映了集成运放对共模信号的抑制能力。

⑤ 上限截止频率 $f_H \to \infty$，它反映了集成运放的频率特性。

⑥ 输入失调电压 $U_{IO} \to 0$，是指集成运放输出电压为零时，两个输入端

所加补偿电压的大小。

⑦ 输入失调电流 $I_{IO} \to 0$，是指集成运放输出电压为零时，两个输入端的静态电流之差。

⑧ 输入偏置电流 $I_{IB} \to 0$，是指集成运放输出为零时，两个输入端静态偏置电流的平均值。

（三）理想集成运放的特点

1. 工作在线性区的特点

对于工作在线性区的理想集成运放，利用它的理想参数可以得到两个重要概念："虚短"和"虚断"。

所谓"虚短"，就是集成运放开环增益为无穷大，使同相输入端与反相输入端的电位无穷接近，相当于短路，但又不是真正的短路，称为"虚短"。

所谓"虚断"，是由于集成运放的输入电阻为无穷大，使两个输入端的输入电流为零，从集成运放输入端看进去相当于断路，但又不是真正的断路，两个输入端之间称为"虚断"。

在分析集成运放的实际电路时，常将集成运放看作理想运放，利用"虚断"和"虚短"概念来简化分析过程。

2. 工作在非线性区的特点

对于工作在非线性区的集成运放，只要输入微小的电压变化量，因 $A_{ud} \to \infty$，将使输出电压超过线性放大范围，达到正向或负向饱和电压，接近等于正、负电源电压，即：当 $u_P > u_N$ 时，$u_o = +U_{om}$；当 $u_P < u_N$ 时，$u_o = -U_{om}$。

当集成运放工作在非线性区时，由于差模输入电阻为无穷大，所以仍然有"虚断"现象。

（四）集成运放工作在线性区和非线性区的条件

1. 工作在线性区的条件

集成运放工作在线性区必须保证输入电压很小，工作时必须深度负反馈。所谓负反馈就是将输出信号的一部分或全部通过一定电路送回输入端形成反馈，并且反馈信号对输入端起削弱作用。故集成运放工作在线性区的条件是处于闭环（带反馈），而且必须是负反馈。对于单个集成运放来说，只要将反馈送回集成运放的反相输入端就满足负反馈，如图 3.8（a）所示。

2. 工作在非线性区的条件

由于集成运放是多级放大器，只要输入信号稍大，就很快进入非线性区。故集成运放工作在非线性区的条件是开环（不带反馈）或闭环为正反馈。如图 3.8（b）所示为集成运放开环的情况，图 3.8（c）所示为集成运放带正反馈的情况。

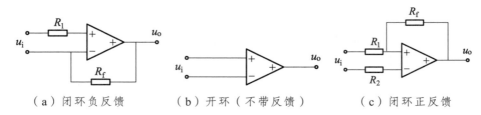

（a）闭环负反馈　　　　　　（b）开环（不带反馈）　　　　　（c）闭环正反馈

图 3.8　集成运放开环和闭环情况

🔧 实践操作

一、目的

1. 认识和检测集成运算放大器
2. 能查阅相关资料识读集成运放的型号和引脚功能。
3. 会用电阻测试法检测集成运放。

二、器材

1. 万用表。
2. 集成运放芯片：μA741（国产型号 CF741）、LM358、LM234、CF747AMJ、CF224AL 各 1 个。

三、操作步骤

（一）集成运算放大器的识读

1. 查阅相关资料，识读集成运放的型号及引脚，填写于表 3.1 中。
2. 画出 μA741 和 LM324 塑料封装的引脚排列示意图。

表 3.1　集成运放识读记录表

型号	型号及引脚功能
μA741	
LM358	
LM324	
CF747AMJ	
CF224AL	

（二）用电阻法检测集成运放的引脚电阻

选择 μA741 和 LM358 两种集成运放，采用电阻测试法测量其各引脚相对于接地引脚的正、反向电阻。首先确定接地引脚号，然后再根据要求将测量阻值填入表 3.2 中。

表 3.2 µA741 和 LM358 各引脚对地的正、反向电阻值

型号	引脚 1	引脚 2	引脚 3	引脚 4	引脚 5	引脚 6	引脚 7	引脚 8
µA741								
LM358								

测试注意事项：

① 注意看清集成运放的型号和引脚位置。

② 注意正确选择万用表的电阻挡位(不要过低,也不能选择 R×10 kΩ)。

③ 测量时,手不要碰触引脚,以免人体电阻的介入影响测量结果的准确。

课外练习

一、填空题

1. 集成运放实际上是一个高增益的带深度负反馈的多级＿＿＿＿耦合放大器，集成运放电路由四部分组成，包括＿＿＿＿＿＿、＿＿＿＿＿＿、＿＿＿＿＿＿和＿＿＿＿＿＿。

2. 为了抑制零漂，集成运放的输入级常采用＿＿＿＿电路，此电路的对称性＿＿＿＿，抑制零漂的能力就越强。

3. 共模抑制比 K_{CMR} 等于＿＿＿＿＿＿之比，电路的 K_{CMR} 越大，表明电路抑制零漂的能力越＿＿＿＿。

4. 对于差动放大电路，当两个输入端有大小相等、相位相同的输入信号，叫＿＿＿＿输入信号；而把大小相等、相位相反的输入信号叫＿＿＿＿输入信号。

二、选择题

1. 直接耦合放大电路的放大倍数越大，在输出端出现零点漂移的现象就越(   )。

　　A. 严重　　　B. 轻微　　　C. 与放大倍数无关　　　D. 无法确定

2. 在相同条件下，阻容耦合放大电路的零点漂移相对于直流耦合放大电路而言(   )。

　　A. 大　　　　　B. 小　　　　　C. 相等　　　　　D. 两者无法比较

3. 放大电路产生零点漂移的主要原因是(   )。

　　A. 放大倍数太大　　　　　B. 环境温度变化引起器件参数变化

　　C. 外界存在干扰源　　　　D. 输入信号频率的变化

4. 集成运算放大器是一种采用(   )方式的放大电路。

　　A. 阻容耦合　　　B. 直接耦合　　　C. 变压器耦合　　　D. 光电耦合

5. 理想集成运算放大器的开环差模电压增益为(   )，共模抑制比为

（   ），差模输入电阻为（   ），差模输出电阻为（   ）。

  A. 无穷大 B. 适当大 C. 非常小 D. 因应用而变化

 6. 在论及对于信号的放大能力时，集成运算放大器（   ）。

  A. 只能放大交流信号   B. 只能放大直流信号

  C. 两种信号都能放大   D. 两种信号都不能放大

 7. 集成运算放大器抑制零漂的电路应放在（   ）。

  A. 输入级   B. 中间级   C. 输出级   D. 偏置电路

三、简答题

 1. 集成运放通常包含哪几个组成部分？对各部分的要求是什么？

 2. 理想集成运算放大器的工作线性区和非线性区各自有什么特点？

 3. 与阻容耦合电路相比，直接耦合放大电路有什么特点？其主要矛盾是什么？

基础训练 2 集成运放构成运算电路的分析与测试

相关知识

一、集成运放构成的运算电路

  集成运放可以应用在各种运算电路上，以输入电压作为自变量，输出电压按一定的数学规律变化，反映出某种运算的结果。常见的运算电路有比例、加减、积分、微分等，利用这些运算电路可实现同相放大、反相放大、差分放大及信号的变换。集成运放作运算电路必须工作在线性区，在深度负反馈条件下，利用反馈网络实现各种数学运算。

（一）反相输入放大电路（反相比例运算电路）

  反相输入放大电路如图 3.9 所示。R_f 为反馈电阻，构成电压并联负反馈组态。图中电阻 R_p 称为直流平衡电阻，以消除静态时集成运放内输入级基极电流对输出电压产生的影响，进行直流平衡，且 $R_p = R_1 // R_f$。

  根据虚短概念有：

$$i_i = i_f, \quad u_- = u_+ = 0$$

  因集成运放两个输入端的电位均为零，但它们并没有真正直接接地，故称之为"虚地"，"虚地"是"虚短"的特例。则有：

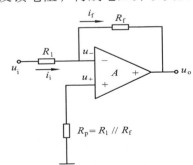

图 3.9 反相输入放大电路

$$i_i = \frac{u_i - u_-}{R_1} = \frac{u_i}{R_1}$$

$$i_f = \frac{u_- - u_o}{R_f} = -\frac{u_o}{R_f}$$

$$u_o = -\frac{R_f}{R_1} u_i \qquad\qquad\qquad (3.1)$$

由此可知，输出电压与输入电压相位相反，且成比例关系，故又称该放大器为反相比例运算放大器。

当 $R_f = R_1$ 时，$R_f / R_1 = 1$，则 $u_o = -u_i$，$A_{uf} = -1$，即输出电压与输入电压大小相等，相位相反，此时称之为反相器。

由于存在"虚地"，放大电路的输入电阻小，故对集成运放的共模抑制比要求不高。

（二）同相输入放大电路（同相比例运算电路）

同相输入放大电路如图 3.10 所示，R_f 为反馈电阻，R_f 与 R_1 使运放构成电压串联负反馈电路。

根据"虚短"和"虚断"的概念可以得到：

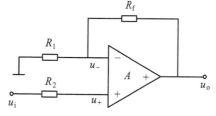

$$u_- = \frac{R_1}{R_1 + R_f} u_o = u_i$$

$$u_o = \left(1 + \frac{R_f}{R_1}\right) u_i \qquad (3.2)$$

图 3.10　同相输入放大电路

当 $R_1 \rightarrow \infty$，则 $A_{uf} = 1$，即 u_o 与 u_i 大小相等、相位相同，称此电路为电压跟随器，如图 3.11 所示。其实电压跟随器电路还有其它两种形式，如图 3.12 所示。图 3.12（b）所示电路在同相输入端加一隔离电阻，以防止因输入电阻过高而引入周围电场的干扰，$R_i = R$。

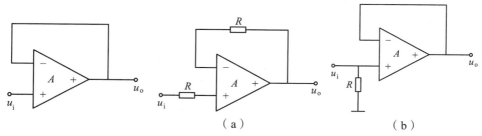

（a）　　　　　　　　　　　　　　　（b）

图 3.11　电压跟随器　　　　图 3.12　电压跟随器电路的其它形式

电压跟随器与射极跟随器类似，但其跟随性能更好，输入电阻更高，输出电阻为零，对于输入级电路而言，具有很好的阻抗匹配作用。电压跟随器常用作变换器或缓冲器，在电子电路中应用极广。

同相输入放大器的输入电阻 $R_i \to \infty$，输出电阻 $R_o = 0$。由于这两个输入端存在共模输入电压，因此在实际应用中必须选用共模抑制比较高的集成运放。

（三）加法运算电路

在反相放大电路或同相放大电路的基础上，增加几个输入支路就可以构成反相加法或同相加法运算电路。图 3.13 所示为反相加法运算电路，有三个输入信号同时作用于集成运放的反相输入端。

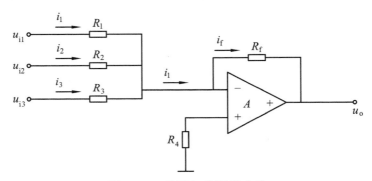

图 3.13　反相加法运算电路

由叠加原理可得到：

$$u_o = -\left(\frac{R_f}{R_1} u_{i1} + \frac{R_f}{R_2} u_{i2} + \frac{R_f}{R_3} u_{i3} \right) \tag{3.3}$$

（四）差分输入放大电路

图 3.14 所示为差分输入放大电路，两个输入信号分别加到反相输入端和同相输入端。为了满足电路的平衡条件，取 $R_1 /\!/ R_f = R_2 /\!/ R_3$。

根据叠加原理，先求 u_{i1} 单独作用时的输出电压 u_{o1} 为：

$$u_{o1} = -\frac{R_f}{R_1} u_{i1}$$

再求出 u_{i2} 单独作用时的输出电压 u_{o2} 为：

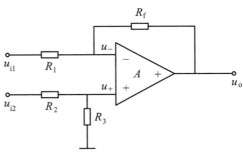

图 3.14　差分输入放大电路

$$u_{o2} = \left(1 + \frac{R_f}{R_1}\right)\left(\frac{R_3}{R_2 + R_3}\right)u_{i2}$$

若 $R_1 = R_2$，$R_f = R_3$，则：

$$u_{o2} = \frac{R_3}{R_2}u_{i2} = \frac{R_f}{R_1}u_{i2}$$

因此，在 u_{i1} 与 u_{i2} 共同作用时：

$$u_o = u_{o1} + u_{o2} = \frac{R_f}{R_1}(u_{i2} - u_{i1}) \tag{3.4}$$

实现了减法运算。

（五）积分、微分运算电路

1. 积分运算电路

积分运算电路如图 3.15 所示。输入信号 u_i 通过电阻 R 接至反相输入端，电容 C 为反馈元件。

根据"虚地"和"虚短"现象，$u_P = u_N = 0$，电路中，电容 C 中的电流等于电阻 R 中的电流，即：

$$i_C = i_R = \frac{u_i}{R}$$

输出电压与电容上电压的关系为

$$u_o = -u_C$$

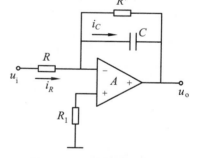

图 3.15 积分运算电路

而电容上电压等于其电流的积分，即：

$$u_o = -\frac{1}{C}\int i_C \mathrm{d}t = -\frac{1}{RC}\int u_i \mathrm{d}t \tag{3.5}$$

这样就实现了积分运算。

为了防止低频信号增益过大，在实际电路中，常在电容上并联一个电阻加以限制，如图 3.15 所示的 R'。

利用积分电路可以实现信号的变换，图 3.16 所示是利用积分电路将方波变为三角波，将正弦波变为余弦波。

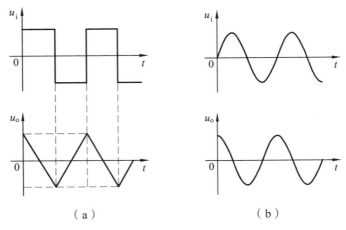

（a）　　　　　　　　　　　　（b）

图 3.16　积分运算电路的应用

2. 微分运算电路

微分运算电路和积分运算电路的区别是将电容 C 与电阻 R 位置互换，如图 3.17 所示。根据"虚短"和"虚断"的概念，$u_P = u_N = 0$，为"虚地"。电容两端电压 $u_C = u_i$，因而：

$$i_C = i_R = C\frac{\mathrm{d}u_i}{\mathrm{d}t}$$

输出电压为：

$$u_o = -i_R R = -RC\frac{\mathrm{d}u_i}{\mathrm{d}t} \qquad （3.6）$$

这样，输出电压与输入电压的微分成比例。

二、集成运算放大器的选用

集成运算放大器的种类较多，按其用途分为通用型和专用型，按其供电电

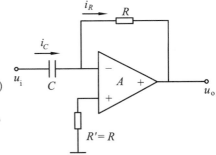

图 3.17　微分运算电路

源不同分为单电源供电型和双电源供电型，按制作工艺不同分为双极型和单极型，按运放的个数不同分为单运放、双运放、三运放、四运放等。

（一）通用型集成运算放大器

通用型集成运放的参数指标比较均衡全面，适用于一般的工程设计。一般认为，在没有特殊参数要求的情况下，集成运放可选用通用型。通用型集成运放应用范围宽、产量大、价格便宜。作为一般的应用，首先考虑选用通用型，如通用型集成运放 μA741（单运放）、LM358（双运放）、LM324（四运放）等。图 3.18 所示为 μA741 的封装外形、管脚排列、管脚功能，其中 NC 表示空脚，使用时可以不用管它。

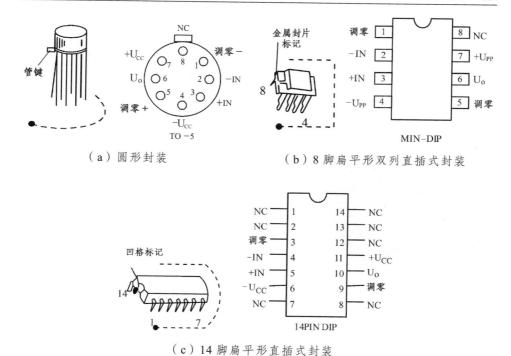

（a）圆形封装　　　　　　　　　（b）8 脚扁平形双列直插式封装

（c）14 脚扁平形直插式封装

图 3.18　μA741 型集成运放的封装形式、管脚排列、管脚功能

图 3.19 所示为 LM358 型集成运放的封装形式和管脚排列。

LM358 里面包括有两个高增益、独立的、内部频率补偿的双运放，适用于电压范围很宽的单电源（3 V ~ 30 V）工作方式，而且也适用于双电源（±1.5 V ~ ±15 V）工作方式，它的应用范围包括传感放大器、直流增益模块和其他所有可用单电源供电的使用运放的场合。

LM358 封装有塑封 8 引线双列直插式和贴片式两种，如图 3.19 所示。

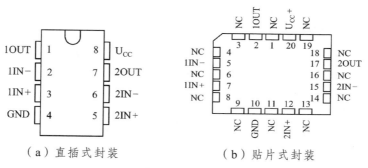

（a）直插式封装　　　　　　　　（b）贴片式封装

图 3.19　LM358 型集成运放的封装形式和管脚排列

图 3.20 所示是 LM324 型集成运放的外形和内部结构。LM324 是由四个独立的通用型运算放大电路集成在一个芯片上组成的集成电路，它既可以单电源（3 V ~ 30 V）工作，又可以双电源（±1.5 V ~ ±15 V）工作，而且静态功耗小。LM324 是双列直插式封装，有 14 个引出脚。

（a）外形

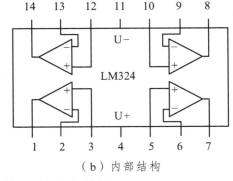

（b）内部结构

图 3.20　LM324 的外形与内部结构

（二）专用型集成运算放大器

集成运放在近几年得到非常迅速的发展。目前，实用的集成电路运算放大器除了通用型外，还有性能更优良和具有特殊功能的集成运放，即专用型集成运算放大器，它们可分为高输入阻抗、低漂移、高精度、高速、宽带、低功耗、高压、大功率和程控型等类型，现简要介绍如下。

1. 高输入阻抗型

该类型集成运放的差模输入电阻 r_{id} 为（10^9 ~ 10^{12}）Ω，输入偏置电流 I_{IB} 为几皮安至几十皮安，故又称为低输入偏置电流型。常用的有：LF356、LF355、LF347（四运放）、AD515、LF0052 等型号。目前高输入阻抗型集成运放广泛应用于生物医学电信号测量的精密放大电路、有源滤波器、取样-保持放大器、对数和反对数放大器和模数、数模转换器等。

2. 高精度、低漂移型

这种类型的集成运放一般用于毫伏量级或更低微弱信号的精密检测、精密模拟计算、高精度稳压电源及自动控制仪表中。目前产品有 AD508、OP-07、OP-27、ICL7650 等型号。

3. 高速型

对于这种类型的集成运放，要求转换速率 SR > 30 V / ms，最高可达几百 V / ms，单位增益带宽 BW_G > 10 MHz。一般用于快速 A / D 和 D / A 转换器、有源滤波器、高速采样-保持电路、锁相环、精密比较器和视频放大器中。目前产品有 mA715、LM318、LH0032 和 AD9618 等型号。

4. 低功耗型

对于这种类型的集成运放，要求在电源电压为 ± 15 V 时，最大功耗不大于 6 mW；或要求工作在低电源电压（如 1.5 V～4 V）时，具有较低的静态功耗并保持良好的电气性能（如 $A_{ud} = 80\ dB～100\ dB$）。目前产品有 mPC253、ICL7641 及 CA3078 等。低功耗型运放一般用于对能源有严格限制、遥测、遥感、生物医学和空间技术研究的设备中。

5. 高压型

这种运放的正常输出电压 U_o 大于 ± 22 V。目前产品有 D41、LM143 及 HA2645 等。

除了以上几种专用型集成运放外，还有互导型 LM308，程控型 LM4250、mA776，电流型 LM1900 及仪用放大器 LH0036、AD522 等。

（三）集成运算放大器的选择原则

通常情况下，在设计集成运放应用电路时，没有必要研究运放的内部电路，而是根据设计需求寻找具有相应性能指标的芯片。因此，了解运放的类型，理解运放主要性能指标的物理意义，是正确选择运放的前提。一般应根据以下几方面要求选择运放：

① 信号源的性质。根据信号源是电压源还是电流源、内阻大小、输入信号的幅值及频率变化范围等，选择运放的差模输入电阻 r_{id}、带宽（或单位增益带宽）、转换速率 SR 等指标参数。

② 负载的性质。根据负载电阻的大小，确定所需运放的输出电压和输出电流的幅值。对于容性负载和感性负载，还要考虑它们对频率参数的影响。

③ 精度要求。对模拟信号的处理，如放大、运算等，往往提出精度要求；如电压比较，往往提出响应时间、灵敏度要求。根据这些要求选择运放的开环差模增益 A_{ud}、失调电压 U_{IO}、失调电流 I_{IO} 及转换速率 SR 等指标参数。

④ 环境条件。根据环境温度的变化范围，可正确选择运放的失调电压及失调电流的温漂 du_{IO}/dt、di_{IO}/dt 等参数；根据所能提供的电源（如有些情况只能用干电池）选择运放的电源电压；根据对功耗有无限制，选择运放的功耗，等等。

根据上述分析，可以通过查阅手册等手段来选择某一型号的运放，必要时还可以通过各种 EDA 软件进行仿真，最终确定最满意的芯片。目前，各种专用运放和多方面性能俱佳的运放种类繁多，采用它们会大大提高电路的质量。

不过，从性价比方面考虑，应尽量采用通用型运放，只有在通用型运放不满足应用要求时才采用特殊运放。

三、集成运算放大器的使用注意事项

集成运放的用途广泛，在使用时应注意以下问题：

（一）集成运放的输出调零

为了消除集成运放的失调电压和失调电流引起的输出误差，在要求达到零输入、零输出时，运放电路必须进行调零。

集成运放的调零电路有两类：

① 对于有外接调零端的集成运放，可通过外接调零元件进行调零。μA741 外接调零元件的调零电路如图 3.21 所示。将输入端接地，调节 R_P 使输出为零，R_P 一般选择 10 kΩ。

② 集成运放没有外接调零电路的引线端，可以在集成运放的输入端加一个补偿电压，以抵消集成运放本身的失调电压，达到调零的目的。

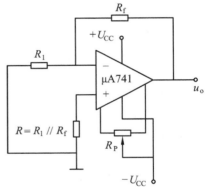

（二）消振

由于集成运放增益很高，易产生自激振荡，消除自激振荡是动态调试的重要内容。

图 3.21　μA741 的调零电路

运放是高电压增益的多级直接耦合放大器，在信号传输过程中会产生附加相移。在没有输入电压的情况下，有一定频率、一定幅度的输出电压将产生自激振荡。消除自激振荡的方法是外加电抗元件或 RC 移相网络进行相位补偿。高频自激振荡的波形如图 3.22 所示。

图 3.22　高频自激振荡波形

按说明接入相位补偿元件或相移网络即可消振，但有一些需要进行实际调试，其调试电路如图 3.23 所示。首先将输入端接地，用示波器可观察输出

端的高频振荡波形。当在 5 脚（补偿端）
接上补偿元件后，自激振荡波形幅度下
降。将电容 C 由小到大调节，直到自激振
荡消失，此时示波器上只显示一条光线。
测量此时的电容值，并换上等值固定电容
器，调试任务完成。

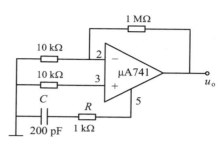

图 3.23　补偿电容调试电路

接入 RC 网络后，若仍达不到理想的
消振效果，可再在电源正、负端与地之间
分别接上几十毫法和 0.01 µF ~ 0.1 µF 的瓷片电容。

（三）保护——输入保护、电源保护、输出保护

为了防止电源极性接反而造成运算放大器组件的损坏，可以利用二极管
的单向导电性原理，在电源连接线中串接
二极管，以阻止电流倒流，如图 3.24 所示。
当电源极性接反时，VD_1、VD_2 不导通，
相当于电源开路。

为了防止集成运放的输出电压过高，可
用两只稳压管反向串联后，并联在负载两端
或并联在反馈电阻 R_f 两端，如图 3.25 所示。
当输出电压 $|u_o|$ 小于稳压管稳定电压 U_Z 时，
稳压管不导通，保护电路不工作，当输出电
压 $|u_o|$ 大于 U_Z 时，稳压管工作，将输出端的
最大电压幅度限制在 $\pm(U_Z + 0.7\text{ V})$。

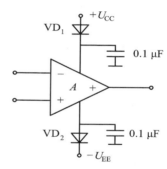

图 3.24　运放电源端的保护电路

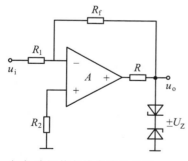

（a）稳压管与输出端的并联

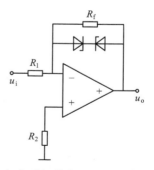

（b）稳压管与反馈电阻并联

图 3.25　运放输出端的保护电路

集成运放输入端的保护电路如图 3.26 所示。

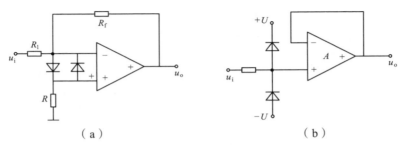

（a）　　　　　　　　　　　　　　（b）

图 3.26　运放输入端的保护电路

实践操作

一、目的

1. 掌握集成运算放大器的选用和使用方法。

2. 学会集成运算放大电路的分析方法。

3. 掌握集成运算放大电路的调试与测试技术。

二、器材

1. 面包板、万用表、直流稳压电源（正、负双电源）、双踪示波器、低频信号发生器。

2. 搭接、测试电路如图 3.27 所示，配套电子元件及材料见表 3.3。

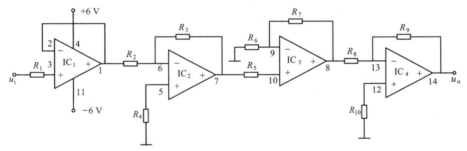

图 3.27　集成运算放大电路

表 3.3　配套电子元件及材料明细表

代　号	名　　称	规　　格	代　号	名　　称	规　　格
R_1	碳膜电阻	510 Ω / 0.25 W	R_8	碳膜电阻器	1 kΩ / 0.25 W
R_2	碳膜电阻	1 kΩ / 0.25 W	R_9	碳膜电阻器	1 kΩ / 0.25 W
R_3	碳膜电阻	10 kΩ / 0.25 W	R_{10}	碳膜电阻器	510 Ω / 0.25 W
R_4	碳膜电阻	1 kΩ / 0.25 W	$IC_1 \sim IC_4$	集成电路	LM324
R_5	碳膜电阻器	750 Ω / 0.25 W	面包板 1 块		
R_6	碳膜电阻器	1 kΩ / 0.25 W	连接导线若干		
R_7	碳膜电阻器	5.1 kΩ / 0.25 W	14Pin 集成电路插座 1 块		

三、操作步骤

（一）集成运算放大器的选用

在本训练项目中，需要四个集成运算放大器，故选用通用型集成运放 LM324，它是由四个独立的通用型运算放大电路集成在一个芯片上组成的集成电路，它既可以单电源（3 V~30 V）工作，又可以双电源（±1.5 V~±15 V）工作，而且静态功耗小，通常其正常工作时的功耗低于 0.6 W。

（二）电路分析

本工作任务中的放大电路由四级集成运放组成，电路如图 3.27 所示。

第一级为电压跟随器，用作输入级，具有输入阻抗大、输出阻抗小的特点，起阻抗匹配的作用。对于前级电路而言，由于输入阻抗大，它对信号源索取的电流小；而对后级电路而言，由于输出阻抗小，它可为后级提供较大且稳定的工作电流。

第二级为反相比例放大电路，起电压放大作用，电压放大倍数为 10 倍。

第三级为同相比例放大电路，也起电压放大作用，电压放大倍数为 6.1 倍。

第四级为反相器，用作输出级，具有输出阻抗小，输入、输出信号反相的特点。因其输出阻抗小，因此带负载能力强。

该电路应采用正、负两路电源供电（±6 V）。

（三）元器件的检测与筛选，电路的搭接

① 按电路组成对电路的元器件进行检测与筛选。

② 按照电路原理图和面包板搭接工艺进行电路搭接。

（四）放大电路的调整与测试

在电路搭接无误后再进行调试与测试。

① 将稳压电源的正、负 6 V 电源与电路的正、负电源端连接，注意电源极性不能接错。

② 将低频信号发生器的"频率"置"1 000 Hz"，输出信号电压为 50 mV，并将输出端与集成放大电路的输入端连接。

③ 将双踪示波器 Y 轴输入电缆分别与集成放大电路的输入、输出端连接，接通电源，调整示波器使输入、输出电压波形稳定显示（1~3 个周期）。

④ 读取输入、输出电压峰峰值 $U_{\text{ip-p}}$ 和 $U_{\text{op-p}}$，计算每级的电压放大倍数，将结果填入表 3.4 中。

⑤ 分别观察电压跟随器、反相比例放大电路、同相比例放大电路和反相器的输出波形，观察输入、输出的相位变化。将结果填入表 3.4 中。

表 3.4　测试记录表

测量电路	$U_{\text{ip-p}}/V$	$U_{\text{op-p}}/V$	电压放大倍数	相位差
电压跟随器				
反相比例放大电路				
同相比例放大电路				
反相器				
电路合成				

课外练习

一、填空题

1. 集成运算放大器实际上是一个高增益的带深度负反馈的多级_____耦合放大器，集成运放电路由四部分组成，包括_____、_____、_____和_____。

2. 在分析集成运放的实际运算电路时，常将集成运放看作_____集成运放，利用"_____"和"_____"的概念来简化分析过程。

3. 利用_____运算电路，可以将方波变换为三角波；利用_____运算电路可以将方波变为尖脉冲波。

4. 集成运放可以应用在各种运算电路上，以_____作为自变量，_____按一定的数学规律变化，反映出某种运算的_____。

二、选择题

1. 集成运放的输入端有（　　　）个。

　　A. 1　　　　　B. 2　　　　　C. 3　　　　D. 4

2. 集成运放同相输入端与反相输入端所加的输入信号大小相等、极性相反，该信号称为（　　　）。

　　A. 共模信号　　　B. 差模信号　　　C. 反馈信号　　　　D. 不确定

3. 要实现电压放大 – 50 倍，应选用（　　　）。

　　A. 同相比例运算电路　　B. 反相比例运算电路

　　C. 同相加法电路　　　　D. 积分电路

4. 同相比例运算电路的电压放大倍数等于（　　　）。

　　A. 1　　　　B. – 1　　　C. $-\dfrac{R_{\text{f}}}{R_1}$　　　D. $1+\dfrac{R_{\text{f}}}{R_1}$

5. 集成运放两个输入端的对地电位都为零，但它们都没有直接接地，称为（　　　）。

　　A. 虚地　　　　B. 接地　　　　C. 虚短　　　　D. 虚断

三、判断题

1. 集成运放线性应用时，其输入端（N、P）不需要直流通路。（   ）

2. 集成运放作线性比例运算时（如反相输入放大电路），因其放大倍数只与外接电阻有关，因而放大倍数越大越好，R_f 也越大越好。（   ）

3. 反相输入式集成运放电路的虚地就是直接接地。（   ）

4. 同相比例运放电路中，对运算放大器的要求是高共模抑制比。（   ）

5. 由于通用型集成运算放大器具有价格低、应用范围广的特点，因而在一般应用时作为首选。（   ）

四、分析计算题

在图 3.10 所示的同相输入放大电路中，如集成运放的最大输出电压为 ± 12 V，电阻 R_1 为 10 kΩ，R_f 为 390 kΩ，$R' = R_1 /\!/ R_f$，输入电压为 0.5 V，试求下列情况下的输出电压值：① 正常情况下；② 电阻 R_1 开路；③ 电阻 R_f 开路。

🗼 基础训练 3　集成运放构成电压比较器的分析与测试

📖 相关知识

一、电压比较器的电压传输特性

在电压比较器中，集成运放工作在开环或引入正反馈状态。理想集成运算放大器的开环电压倍数为无穷大，只要同相输入端与反相输入端之间有无穷小的差值电压，输出电压就会达到正的最大值或负的最大值，输出电压不再是线性关系，而是工作在非线性区。其电压传输特性如图 3.28 所示。

在电压比较器中，使输出电压从正的最大值跃变为负的最大值或从负的最大值跃变为正的最大值时的输入电压称为阈值电压。通常将集成运放的两个输入端中的一个输入端的电压固定为某一参考电压值，则该参考电压值即为电压比较器的阈值电压。

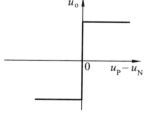

图 3.28　电压比较器的电压传输特性

要画出正确的电压传输特性，必须求出以下三个要素：

① 输出电压高电平和低电平的数值 $+ U_{om}$ 和 $- U_{om}$。

② 阈值电压的数值 U_r。

③ 当输入电压 u_i 变化且经过阈值电压 U_r 时，输出电压 u_o 跃变的方向，即从 $+U_{om}$ 跃变为 $-U_{om}$ 或从 $-U_{om}$ 跃变为 $+U_{om}$，取决于输入电压作用于集成运放的同相输入端或反相输入端。

二、单值比较器

单值比较器电路只有一个阈值电压，输入电压 u_i 逐渐增大或减小的过程中，当通过阈值电压 U_r 时，输出电压 u_o 产生跃变，从高电平跃变为低电平，或从低电平跃变到高电平。

单值比较器分为过零比较器和一般单值比较器。当阈值电压 $U_r = 0$ 时，就是过零比较器，如图 3.29（a）所示，利用过零比较器将正弦波变换为方波，其波形如图 3.29（b）所示；当阈值电压 $U_r = U_{REF}$ 时，就是单值电压比较器，如图 3.30（a）所示，其电压传输特性如图 3.30（b）所示。

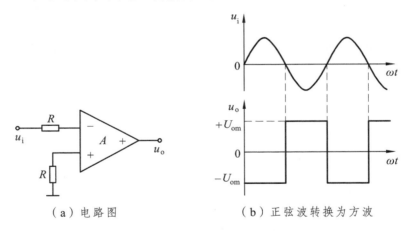

（a）电路图　　　　　　（b）正弦波转换为方波

图 3.29　过零电压比较器

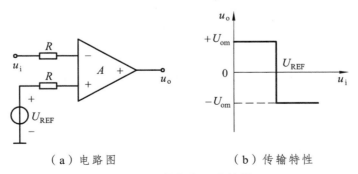

（a）电路图　　　　　　（b）传输特性

图 3.30　单值电压比较器

三、滞回电压比较器

在单值电压比较器中，输入电压在阈值电压附近的任何微小变化，都将引起输出电压的跃变，不管这种微小变化是来源于输入信号还是外部干扰，因此，单值电压比较器抗干扰能力差。而滞回比较器具有滞回特性，即惯性，因而具有一定的抗干扰能力。图 3.31 所示为滞回比较器的电路图和电压传输特性。

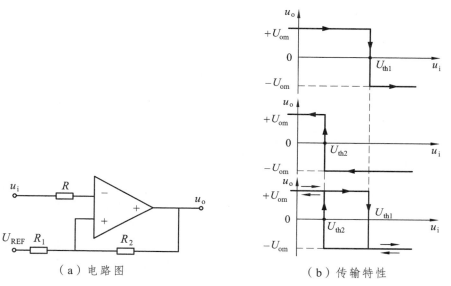

（a）电路图　　　　　　　（b）传输特性

图 3.31　滞回电压比较器

当 $u_o = +U_{om}$ 时，集成运放同相输入端的电压为：

$$U_{th1} = \frac{R_1}{R_1 + R_2}U_{om} + \frac{R_2}{R_1 + R_2}U_{REF} \qquad (3.7)$$

当 $u_o = -U_{om}$ 时，集成运放同相输入端的电压为：

$$U_{th2} = -\frac{R_1}{R_1 + R_2}U_{om} + \frac{R_2}{R_1 + R_2}U_{REF} \qquad (3.8)$$

所以，滞回比较器有两个阈值电压。

滞回电压比较器的传输特性如图 3.31（b）所示。当 u_i 增大，使 $u_i \geqslant U_{th1}$ 时，u_o 从 $+U_{om}$ 跃变为 $-U_{om}$；而当 u_i 减少，使 $u_i \leqslant U_{th2}$ 时，u_o 从 $-U_{om}$ 跃变为 $+U_{om}$。通常将 U_{th1} 称为上阈值电压，U_{th2} 称为下阈值电压，它们的差值称为回差电压或迟滞宽度，用 Δu 表示，即 $\Delta u = U_{th1} - U_{th2}$。正因为存在迟滞宽度，从而提高了电路的抗干扰能力。

🐴 实践操作

一、目的

1. 学会电压比较器的分析方法。
2. 学会电压比较器的调试与测试方法。
3. 学习电路故障检修的一般步骤。

二、器材

1. 高精度数字万用表、直流稳压电源。
2. 搭接、测试电路见图 3.32，配套电子元件及材料见表 3.5。

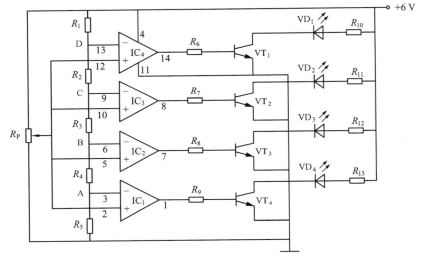

图 3.32　电压比较器的应用电路

表 3.5　配套电子元件及材料明细表

代　号	名　称	规　格	代　号	名　称	规　格
R_1	高精度电阻	12 kΩ / 0.25 W	R_{11}	碳膜电阻器	680 Ω / 0.5 W
R_2	高精度电阻	2 kΩ / 0.25 W	R_{12}	碳膜电阻器	680 Ω / 0.5 W
R_3	高精度电阻	2 kΩ / 0.25 W	R_{13}	碳膜电阻器	680 Ω / 0.5 W
R_4	碳膜电阻	2 kΩ / 0.25 W	R_P	微调电位器	4.7 kΩ / 0.5 W
R_5	碳膜电阻器	2 kΩ / 0.25 W	$VT_1 \sim VT_4$	三极管	9 014
R_6	碳膜电阻器	51 kΩ / 0.5 W	$VD_1 \sim VD_4$	发光二极管	ϕ3 mm，绿色
R_7	碳膜电阻器	51 kΩ / 0.5 W	$IC_1 \sim IC_4$	集成运放	LM324
R_8	碳膜电阻器	51 kΩ / 0.5 W	14Pin 集成电路插座 1 块		
R_9	碳膜电阻器	51 kΩ / 0.5 W	面包板 1 块		
R_{10}	碳膜电阻器	680 Ω / 0.5 W	连接导线若干		

三、操作步骤

（一）电路分析

图 3.32 所示是由四个集成运放组成的单值电压比较器，由电位器 R_{P1} 滑动臂得到输入电压 u_i，分别加到运放的同相输入端，参考电压分别接运放的反相输入端；当输入电压 u_i 大于阈值电压，电压比较器输出端 $u_o = U_{OH}$ 时，相连的三极管导通，发光二极管发光。调整 R_P 使输入电压由低到高变化，则 VD_4、VD_3、VD_2、VD_1 依次发光。$R_6 \sim R_{13}$、$VT_1 \sim VT_4$、$VD_1 \sim VD_4$ 组成了驱动显示电路，该电路采用 +6V 电源供电，IC_4 的 4 脚接 U_{CC} 正极、11 脚接地。

单值电压比较器各参考点的比较电压可以按以下公式计算：

$$U_A = \frac{R_5}{R_1 + R_2 + R_3 + R_4 + R_5} U_{CC}$$

$$U_B = \frac{R_4 + R_5}{R_1 + R_2 + R_3 + R_4 + R_5} U_{CC}$$

$$U_C = \frac{R_3 + R_4 + R_5}{R_1 + R_2 + R_3 + R_4 + R_5} U_{CC}$$

$$U_D = \frac{R_2 + R_3 + R_4 + R_5}{R_1 + R_2 + R_3 + R_4 + R_5} U_{CC}$$

（二）元器件的检测与筛选

对电路中使用的电路元器件进行检测与筛选。

（三）电路的搭接、调整与测试

按照电路原理图和面包板搭接工艺在面包板上进行电路搭接。

在电路搭接无误后再进行调试与测试：

① 将微调电位器 R_P 调至对地阻值最小处（滑动臂接地）。

② 接通电源（ +6 V），缓慢调节 R_P，使 R_P 对地阻值逐渐增大（输入电压 u_i 逐渐增加），观察发光二极管（$VD_1 \sim VD_4$）的发光情况，依次测量 $VD_1 \sim VD_4$ 发光时输入电压 u_i 的电压变化范围，并将结果记录于表 3.6 中。

表 3.6 测量记录表

发光二极管发光情况	阈值/V	输入电压 u_i 的范围/V
$VD_1 \sim VD_4$ 均不发光		
$VD_1 \sim VD_3$ 不发光，VD_4 发光		
VD_1、VD_2 不发光，VD_3、VD_4 发光		
VD_1 不发光，$VD_2 \sim VD_4$ 发光		
$VD_1 \sim VD_4$ 均发光		

（四）电路的故障检修

上述电路搭接好后，通电调试，如果电路出现故障，则应进行检修。

电子电路故障检修的一般步骤是：观察故障现象→分析判断故障发生的范围→在故障范围内使用合适的方法查找故障点（或故障元件）→排除故障（更换故障元件）→检查电路功能恢复情况。

观察故障现象的方法：通过询问、眼看、耳听、触摸、闻味等方法仔细观察故障的特征和现象，这就是前面介绍的直观法检查电路故障。

故障判断的方法很多，有直观检查法、电压测量法、电流测量法、在线电阻测量法、示波器测量法、替换法等，后面的学习项目将对各种故障判断方法逐一介绍。

找到故障点后，应正确排除故障。排除的过程中，注意不要扩大故障范围，尤其是在拆装元器件时不能损坏印制电路板的铜箔，代换元件尽量采用与原元件同类型的或通过查找"代换手册"选用与原元件主要技术参数一致的、外形封装尺寸相近的型号。

故障排除后，应重新通电检查电路的各项性能指标。

课外练习

一、填空题

1. 电压比较器中，使输出电压从 $+U_{om}$ 跃变为 $-U_{om}$ 或从 $-U_{om}$ 跃变为 $+U_{om}$ 时的输入电压称为_____电压。

2. 在电压比较器中，集成运放工作在_____状态，输出要么是_____要么是_____。

3. 当输入电压变化且经过_____ 时，输出电压跃变的方向取决于输入电压作用于集成运放的同相输入端还是反相输入端。

4. 单值比较器的阈值电压有_____个，输入电压在逐渐增大的过程中，输出电压将_____。

5. 滞回比较器的阈值电压有_____个，因此它的抗干扰能力比单值比较器_____。

二、判断题

1. 在电压比较器中，集成运放工作在开环状态或引入正反馈。　　（　　　）

2. 在电压比较器中，集成运放工作在非线性区。　　　　　　　　（　　　）

3. 过零比较器的输出电压为零。　　　　　　　　　　　　　　　（　　　）

4. 滞回电压比较器电路中引入了负反馈。　　　　　　　　　　　（　　　）

5. 在滞回电压比较器中，输入电压增大变化和减小变化时，其转换阈值电压不同。　　　　　　　　　　　　　　　　　　　　　　　　　（　　　）

三、选择题

1. 在电压比较器中，输入电压加在集成运放的（　　）端，输入电压大于阈值电压时，输出高电平。

　　A. 同相　　　　　B. 反相　　　　　C. 任意　　　　　D. 不确定

2. 滞回电压比较器有（　　）个阈值电压。

　　A. 1 个　　　　　B. 2 个　　　　　C. 3 个　　　　　D. 4 个

四、分析题

理想运放组成如图 3.33 所示的电压比较电路。已知运放输出 $\pm U_{om} = \pm 12$ V，二极管 VD_1 和 VD_2 的导通压降为 0.7 V，发光二极管 LED 的导通压降为 1.4 V。

① 请问 u_i 在满足什么条件下，LED 亮。

② 设 LED 的工作电流为 5～30 mA，确定限流电阻 R 的范围。

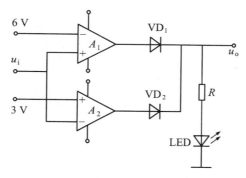

图 3.33　窗口电压比较器

🔩 任务实施　制作小型加热柜温控电路

一、信息搜集

1. 实现小型加热柜温控电路的工作原理信息。

2. 温控电路中所用的温度传感器、整流桥、发光二极管、三极管、集成运算放大器等元器件的相关应用信息。

3. 电路元器件型号所对应的参数、性能等信息。

4. 装配电路的工艺流程和工艺标准。

5. 装配电路所需的材料、工具、仪器等信息。

二、实施方案

1. 确定实现小型加热柜温度控制的原理图，见图 3.1。

2. 选择温度传感器和集成运算放大器。

3. 确定电路装配所需的工具：剥线钳、斜口钳、5 号一字和十字螺丝刀、电烙铁及烙铁架，镊子、剪刀、焊锡丝、松香。

4. 确定与电路原理图对应的实际元件和材料，见表 3.11。

表 3.11　配套电子元件及材料明细表

代　号	名　　称	规　格	代　号	名　　称	规　格
R_1	碳膜电阻	1.5 kΩ / 0.25 W	VT₂	三极管	9013
R_2	碳膜电阻	1.5 kΩ / 0.25 W	JK	高低切换继电器	JZC23F DC12 V / 10 A
R_3	碳膜电阻	1 kΩ / 0.25 W	IC₄	整流桥	KBP307
R_4	碳膜电阻	1 kΩ / 0.25 W	IC₂	集成运算放大器	LM324
R_5	碳膜电阻	12 kΩ / 0.25 W	IC₁	集成温度传感器	LM35
R_6	碳膜电阻	10 kΩ / 0.25 W	C_1	电解电容器	220 μF / 16 V
R_7	碳膜电阻	10 kΩ / 0.25 W	C_2	电解电容器	470 μF / 25 V
R_8	碳膜电阻	1.2 kΩ / 0.25 W	C_3	电解电容器	1 μF / 25 V
R_P	微调电位器	10 kΩ / 0.25 W	C_4	电解电容器	47 μF / 25 V
VD₁	发光二极管	ϕ3 mm，绿色		ϕ 0.8 mm 镀锡铜丝若干	
VD₂	发光二极管	ϕ3 mm，红色		焊料、助焊剂、绝缘胶布若干	
VD₃	开关二极管	1N4148		万能电路板 1 块	
IC₃	集成三端稳压器	CW7809		紧固件 M4×15 4 套；多股软导线 400 mm	
VT₁	三极管	8050		14Pin 集成电路插座 1 块	

5. 确定装配电路的工艺流程和测试方法。

6. 确定测试仪器、仪表：数字万用表、直流稳压电源。

7. 制订任务进度。

三、工作计划与步骤

（一）读电路图，分析电路的工作原理

图 3.1 所示是利用集成温度传感器作为感温元件、集成运算放大器作为比较器、三极管驱动的温度开关控制电路。在该电路中，温度传感器采用 LM35 型集成温度传感器，其特点是体积小、价格低，适合小型加热柜的测温范围。其性能为：工作温度为 0 ~ 150 ℃；输出信号（电压）与温度变化呈线性关系；温度与电压按增量 10 mV / ℃转换。集成运算放大器选用通用型 LM324，由它组成电压比较器，电压比较器的同相端接 R_7 和 R_P 提供基准电压，反相端接集成温度传感器的输出，以此进行比较。电压比较器的输出经 R_6 接到射随器 VT₁ 的基极，VT₁ 在电路中起缓冲隔离作用，射随器的输出驱动 VT₂ 带

动继电器工作，由继电器触点控制加热柜的通断。调节 R_P 的输出电压，可设置加热柜在 0 ~ 150 °C 的任一温度值，对应的电压按 LM35 的电参数设置。

电路中的电源，采用变压器 T 降压供电，变压器 T 的输出电压经整流桥 IC_4 整流、C_2 滤波后供给继电器（ + 12 V）作为工作电源，因继电器工作电压允许的变化范围较大，所以无须稳压，整流后电压再经 IC_3（CW7809）稳压输出 + 9 V 电压供给 IC_1、IC_2 作为工作电源。

当加热柜内温度较低，使 IC_1 的输出电压，即 IC_2 的反相端电压低于同相电压时，比较器输出高电平，该高电平经 VT_1、VT_2（此时均导通）驱动继电器 JK 工作，其常开触点接通，加热柜的热源升温；当温度升高，IC_1 的输出电压高于 IC_2 的同相端电压时，IC_2 输出低电平，VT_1、VT_2 截止，继电器被截断电源而停止工作，加热柜内温度下降，直到 IC_2 的同相端电压高于反相端电压时，继电器又开始工作，加热柜又加温，这样反复循环进行，则加热柜内的温度就处在给定的温度小区间内，直到断开交流电源为止。

（二）元器件的清点、识别、测试

根据元器件的外形判断或用万用表测试，确定各元器件的参数和管脚、质量等。

（三）进行电路的布局与布线

按工艺要求在通用电路板上设计装配图，并进行电路的布局与布线。应注意发光二极管、三极管、电容器、集成运算放大器的管脚和继电器线圈的极性。

按设计的装配布局图进行装配，装配时应注意：

① 电阻器采用水平安装方式，电阻体贴紧电路板。

② 继电器采用垂直安装方式，贴紧电路板，注意继电器线圈的正、负极性。

③ 三极管、发光二极管、电容器采用垂直安装方式，三极管底部离开电路板 10 mm，注意引脚极性。

④ 微调电位器垂直安装，贴紧电路板安装，不能歪斜。

⑤ 与继电器线圈并联的续流二极管水平安装。

⑥ 集成温度传感器 IC_1（LM35）不要安装在电路板上，可单独处理，用薄铝片（15 cm × 15 cm）将 LM35 固定在铝片的中央，再用引线与 R_5 相连。

⑦ 电路装配完成后，在检查电路的布线是否正确，焊接是否可靠，有无漏焊、虚焊、短路等现象。

（四）通电观察与测试

反复检查组装电路，在电路组装无误的情况下，接上电源，观察发光二极管 VD_2 是否点亮，若为点亮，说明电源部分的电路正常。接通电源，用吹风机对着铝片加热，调节 R_P，观察继电器的工作状态，该工作状态由发光管 VD_1 显示，VD_1 亮，继电器通，VD_1 不亮，则继电器断。一旦 VD_1 亮时，停止对其加热，此时用万用表测量 IC_2 的同相端和反相端的电位，并进行比较，根据测试值判断温控开关电路的控制温度。调节 R_P 动臂到下、中、上位置，分别进行测试，将测试结果填入表 3.12 中。

表 3.12　电路测试记录表

R_P 位置	下		中		上	
测试值	U_- / mV	U_+ / mV	U_- / mV	U_+ / mV	U_- / mV	U_+ / mV
VD$_1$ 刚亮时						
控制温度						

（五）电路的故障检查——电压测量法

电压测量法就是通过使用万用表检测电路的工作电压，将测量结果和正常值作比较，从而发现故障的方法。电压测量法是检修电路时使用最为普遍的一种方法。

任何电子电路，其工作电流、电压都是在电路设计时确定好的。只要电路工作正常，其数值必定在允许的范围内，符合规定要求。当电路出现故障（如元器件短路、开路、变值、漏电等）时，会导致工作状态发生相应的变化，这就为找到引发故障的相关元器件提供了可靠的依据。电压测量法比较适宜判别直流通路的故障。

电压测量法就是以公共接地点为参考点，测量某些能够反映单元电路功能正常与否的关键点的电压，以缩小故障范围。

在本任务中，电路故障检查可采用电压测量法。

四、验收评估

电路装配、测试完成后，按以下标准验收评估。

（一）装配

① 布局合理、紧凑。

② 导线横平竖直，转角呈直角，无交叉。

③ 元件间的连接与电路原理图一致。

④ 高低电路分离。

⑤ 电阻器、继电器、续流二极管水平安装，紧贴电路板。

⑥ 三极管、发光二极管、微调电位器、电容器垂直安装，高度符合工艺要求且平整、对称。

⑦ 按图装配，元件的位置、极性正确。

⑧ 焊点光亮、清洁，焊料适量。

⑨ 布线平直

⑩ 无漏焊、虚焊、假焊、搭焊、溅焊等现象。

⑪ 焊接后元件引脚留头长度小于 1 mm。

（二）测试

① 能正确地对集成温度传感器加热。

② 能正确地调节 R_P，观察 VD_1、VD_2 的状况，并进行正确测试和判断、控制温度。

③ 能正确使用万用表。

（三）安全、文明生产

① 安全用电，不人为损坏元器件、加工件和设备等。

② 保持实验环境整洁，操作习惯良好。

③ 认真、诚信地工作，能较好地和小组成员交流、协作完成工作。

五、资料归档

在任务完成后，需编写技术文档。技术文档中需包含：产品的功能说明；产品电路原理图及原理分析；工具、测试仪器仪表、元器件及材料清单；通用电路板上的电路布局图；产品制作的工艺流程说明；测试结果分析；总结。

技术文档必须按国家标准对其进行标准化，经相关人员审核后存入技术档案室进行统一管理。

思考与提高

1. 在图 3.1 所示的电路中，与继电器线圈并联的二极管有何作用？应怎样选用？电路中的温度传感器为什么选用集成温度传感器，若用双金属温度计能实现控制吗？试说明理由。

2. 在图 3.1 所示的电路中，VT_1、VT_2 三极管有何作用？选择它们的依据是什么？为什么 VT_1 接成射极输出形式？

3. 若要提高温控电路的灵敏度，可采取什么措施？试说明之。

4. 在上述电路、元件选用的基础上是否有更优、更经济的方案？请把方案写出来。

学习项目 4
正弦波信号发生器的分析与制作

📖 项目描述

在电子电路中，常常需要将各种波形的信号作为测试或控制信号，信号产生电路就是用来产生测试或控制所需要的，具有一定频率、幅度和变化特性的交流信号的电路。图 4.1 所示为采用集成函数发生器 ICL8038 构成的正弦波信号产生电路。集成函数发生器 ICL8038 可以同时产生和输出正弦波、三角波、锯齿波、方波与脉冲波等波形，因而得到广泛应用。

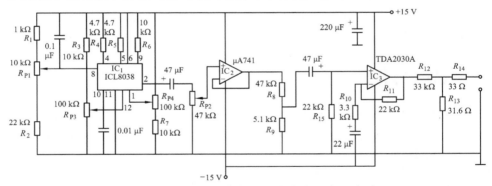

图 4.1　ICL 8038 构成的正弦波信号产生电路

🎯 项目要求

一、工作任务

1. 根据给定的正弦波信号产生电路，认识电路组成，确定实际电路元器件，记录元器件的规格、型号，并查阅元器件的主要参数指标。

2. 分析电路的工作原理。

3. 进行电路的装配与测试，要求装配的电路能输出一定频率和幅值的正弦波信号。

4. 以小组为单位汇报分析与制作正弦波信号发生器的思路、过程。

5. 完成产品技术文档。

二、学习产出

1. 装配好的电路板。

2. 技术文档（包括：产品的功能说明，产品的电路原理图及原理分析，元器件及材料清单，通用电路板上的电路布局图，电路装配的工艺流程说明，测试结果分析，总结）。

◉ 学习目标

1. 掌握反馈及电路开环、闭环的概念，了解反馈的类型。

2. 熟悉负反馈对放大电路的影响，能根据需要确定引入负反馈组态。

3. 理解电路振荡的基本条件和组成，了解 RC、LC、石英晶体振荡器的特点，能确定电路的振荡频率。

4. 掌握负反馈放大电路、RC 正弦振荡电路的搭接、调试与测试技术。

5. 掌握集成函数发生器的应用方法，能装配、调试与测试信号产生电路。

6. 具有安全生产意识，了解事故预防措施。

7. 能与他人合作、交流完成元件的测试、电路的组装与测试等任务，具有敬业乐业、敢于创新的精神和解决问题的关键能力。

🗼 基础训练 1　负反馈放大电路的分析与测试

📖 相关知识

一、反馈的概念及其类型

（一）反馈的概念

在电子电路里，反馈现象是普遍存在的。

将放大器输出信号（电压或电流）的一部分（或全部），经过一定的电路（称为反馈网络）送回到输入回路，与原来的输入信号（电压或电流）共同控制放大器，这样的作用过程称为反馈。具有反馈的放大器称为反馈放大器。

一个电路是否存在反馈，就是看输出与输入回路之间有没有起联系作用的元件，若有则存在反馈，若无则不存在反馈。

反馈放大电路由无反馈的基本放大电路和反馈网络电路组成，如图 4.2 所示。反馈网络可以是电阻、电容、电感、变压器、二极管等单个元件及

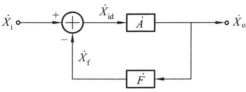

图 4.2　闭环放大电路的组成框图

其组合，也可能是较复杂的电路。

我们把带反馈的放大电路称为闭环放大电路，放大倍数用 $\dot{A}_{\mathrm{f}}$ 表示，而将无反馈的放大电路称为开环放大电路，放大倍数用 $\dot{A}$ 表示，$\dot{F}$ 表示反馈网络系数。$\dot{X}_{\mathrm{i}}$ 表示输入信号（电压或电流），$\dot{X}_{\mathrm{o}}$ 表示输出信号，$\dot{X}_{\mathrm{f}}$ 表示反馈信号，$\dot{X}_{\mathrm{id}}$ 表示净输入信号，各参数之间的关系为：

$$\dot{A} = \frac{\dot{X}_{\mathrm{o}}}{\dot{X}_{\mathrm{id}}}, \quad \dot{F} = \frac{\dot{X}_{\mathrm{f}}}{\dot{X}_{\mathrm{o}}}, \quad \dot{X}_{\mathrm{id}} = \dot{X}_{\mathrm{i}} - \dot{X}_{\mathrm{f}}$$

则闭环放大电路的放大倍数为：

$$\dot{A}_{\mathrm{f}} = \frac{\dot{X}_{\mathrm{o}}}{\dot{X}_{\mathrm{i}}} = \frac{\dot{A}}{1 + \dot{A}\dot{F}} \tag{4.1}$$

在分析电路时，我们常用正弦信号的响应来分析，因此在用框图表示时，其信号和相关量均用复数表示。但对具体电路及其框图或不需考虑相位时均可不用复数表示。

（二）反馈的基本形式及其判断方法

1. 正反馈和负反馈

正反馈：放大电路引入的反馈信号使放大电路的净输入信号增加。

负反馈：反馈信号使放大电路的净输入信号减少。

判别方法：采用瞬时极性法。一般在第一级输入端标出 ⊕，然后依据放大、反馈信号的传递途径逐级标出 ⊕、⊖，最后标出反馈信号极性，从而判断反馈信号是增强还是减弱输入信号，输入信号减弱的是负反馈，增加的是正反馈。其中，⊕ 表示瞬时电位升高，⊖ 表示瞬时电位下降。

现以图 4.3 所示电路为例说明。在图 4.3（a）中，通过反馈支路将输出电压反馈到反相输入端，用 u_{f} 表示，且瞬时极性为正，由于 $u_{\mathrm{id}} = u_{\mathrm{i}} - u_{\mathrm{f}}$，$u_{\mathrm{f}}$ 的正极会使净输入量 u_{id} 减小，因此这个电路的反馈是负反馈。在图 4.3（b）中，通过反馈支路将输出电压反馈到同相输入端，用 u_{f} 表示，且瞬时极性为负，方向朝上，则有 $u_{\mathrm{id}} = u_{\mathrm{i}} + u_{\mathrm{f}}$，$u_{\mathrm{f}}$ 会使净输入量 u_{id} 增大，因此这个电路的反馈是正反馈。在图 4.3（c）中，每一级放大电路都有自己的反馈支路，其中 R_{f1} 和 R_{f2} 形成的反馈称为本级反馈，它们都是负反馈，还有一条跨级经 R_{f3} 的反馈支路，称为级间反馈，级间反馈的瞬时极性如图中所示，也是负反馈。

通过以上分析可以得出以下结论：对于由集成运算放大器组成的反馈电路，对于本级反馈，若反馈支路接在反相输入端，则为负反馈；若接在同相输入端，则为正反馈。但对于级间反馈则不能这样判断。

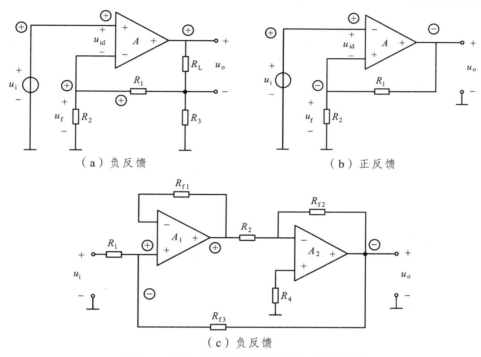

（a）负反馈　　　　　　　　　　　　（b）正反馈

（c）负反馈

图 4.3　用瞬时极性法判断反馈极性的例子

2. 直流反馈和交流反馈

直流反馈：反馈信号中只含有直流成分。

交流反馈：反馈信号中只含有交流成分。

交直流反馈：反馈信号中既有直流分量又有交流分量。

在图 4.4（a）中，有两条反馈支路：一条是从输出端接到反相输入端的反馈支路，是交流、直流都有的负反馈；另一条由 C_2、R_1、R_2 形成的反馈网络，是正反馈，由于 C_2 的隔直作用，这个反馈只引入交流反馈。

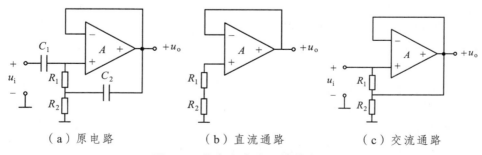

（a）原电路　　　　　　　（b）直流通路　　　　　　　（c）交流通路

图 4.4　具有交直流反馈的电路

3. 电压反馈和电流反馈

按反馈信号在输出端的取样方式不同,反馈又分为电压反馈和电流反馈。图 4.5 所示为有电压反馈和电流反馈的电路。

判别方法:

① 用负载短路法判别:假设输出端的负载短路,若反馈量依然存在（不为零）, 则是电流反馈;若反馈量消失（为零）, 则是电压反馈。

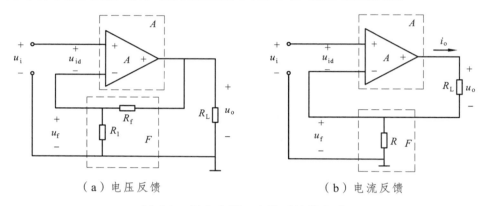

（a）电压反馈　　　　　　　　　　（b）电流反馈

图 4.5　具有电压、电流反馈的电路

② 根据反馈网络与输出端的接法判断:若反馈网络与输出端接同一节点为电压反馈,不接于同一节点为电流反馈。

电压反馈的重要特性是能稳定输出电压;电流反馈的重要特性是能稳定输出电流。电流反馈和电压反馈的效果与负载 R_L 有关,要想得到较强的负反馈效果,电压负反馈要求 R_L 越大越好,电流负反馈要求 R_L 越小越好。

4. 串联反馈和并联反馈

串联反馈:反馈信号是以电压相加减的形式送到输入端,且反馈信号与输入信号相串联。

并联反馈:反馈信号是以电流相加减的形式送到输入端,且反馈信号与输入信号相并联。

串联反馈和并联反馈如图 4.6 所示。

判别方法:若反馈信号与输入信号是在输入端的同一个节点引入,则为并联反馈;如果它们不在同一个节点引入,则为串联反馈。

并联负反馈要求信号源内阻 $R_s \neq 0$, 且 R_s 越大,反馈效果越明显。串联负反馈为了提高反馈效果,应选 R_s 较小的信号源。

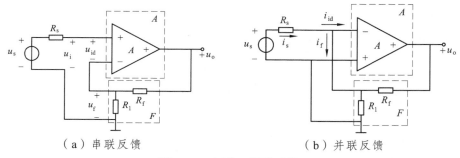

（a）串联反馈　　　　　　　　　　　（b）并联反馈

图 4.6　串联、并联反馈

二、负反馈对放大电路的影响

（一）负反馈使电路放大倍数降低，稳定性提高

带有负反馈的闭环放大电路的放大倍数为 $A_f = A/(1+AF)$，当 $1+AF \gg 1$ 时，称为深度负反馈（ $AF > 10$ 即可），此时 $1 + AF \approx AF$，则 $A_f = A/(1+AF) \approx 1/F$。可见，深度负反馈时，反馈放大电路的闭环放大倍数只取决于反馈系数，而几乎不受基本放大电路其它参数的影响，例如不受温度的影响，因而放大倍数具有很高的稳定性。

（二）负反馈能改善非线性失真

下面我们通过分析一个具体的演示电路来说明此问题。

演示电路如图 4.7（a）所示。演示过程如下：

① 用信号发生器输入一频率为 1 kHz、峰峰值为 1 V 的正弦波。

② 当电路中开关 K 断开时，即电路中不连接电阻 R_2，用示波器观察输出波形，可看到输出波形明显失真，如图 4.7（b）中的输出波形。

③ 再将开关 K 闭合，即电路中连接电阻 R_2，观察输出波形，可看到失真波形被明显改善，如图 4.7（c）中的波形。

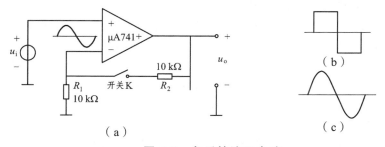

图 4.7　负反馈演示电路

由上述演示现象可知：当开关断开时，放大器在开环状态下，由于开环增益很大，使放大器工作在非线性区，输出波形为双向失真波形；开关闭合

后，电路加上了负反馈，电路增益减小，放大器工作在线性区，输出波形为标准的正弦波，即负反馈能减小非线性失真。

注意：负反馈只能改变闭环内的非线性失真，对于闭环外的失真却无法改善，例如，对于输入信号的噪声所引起的失真，则无法采用负反馈的办法来抑制。

（三）负反馈能扩展通频带，减少频率失真

引入负反馈后放大增益下降，但通频带扩展。图4.8说明了开环和闭环时的幅频特性。对于单管阻容耦合负反馈放大电路，通频带可扩展（$1+AF$）倍。通频带的扩展，意味着频率失真减少，故负反馈能减少频率失真。

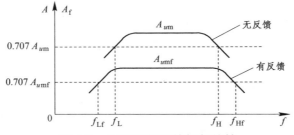

图4.8　开环和闭环的幅频特性

（四）负反馈能稳定输出电流、电压，改变输入电阻和输出电阻

① 串联负反馈使输入电阻增大，引入负反馈后的输入电阻（R_{if}）为未引入负反馈时的输入电阻的（$1+AF$）倍，即 $R_{if}=R_i(1+AF)$（R_i 为未引入反馈时的输入电阻）；并联负反馈使输入电阻减小，引入负反馈后的输入电阻 $R_{if}=R_i/(+AF)$。

② 电压负反馈使输出电阻减小，$R_{of}=R_o/(1+AF)$（R_o 为未引入负反馈时的输出电阻）；电流负反馈使输出电阻增加，$R_{of}=R_o(1+AF)$。

三、引入负反馈的一般原则

由以上分析可知，负反馈之所以能够改善放大电路的多方面性能，归根结底是由于将电路的输出量（$\dot{U}_o$ 或 $\dot{I}_o$）引回到输入端与输入量（$\dot{U}_i$ 或 $\dot{I}_i$）进行比较，从而随时对净输入量（$\dot{U}_{id}$ 或 $\dot{I}_{id}$）及输出量进行调整。前面讲述的负反馈对放大电路的所有影响，均可用自动调整作用来解释。反馈愈深，即 $|1+\dot{A}\dot{F}|$ 的值越大时，这种调整作用越强，对放大电路性能的改善也越为有益。另外，负反馈的类型不同，对放大电路所产生的影响也不同。

在实际工作中往往根据需要要求在放大电路中引入适当的负反馈，以提高电路或电子系统的性能。引入负反馈的一般原则为：

① 为了稳定静态工作点，应引入直流负反馈；为了改善放大电路的动态性能，应引入交流负反馈（在中频段的特性）。

② 要求提高输入电阻或信号源内阻较小时，应引入串联负反馈；要求降低输入电阻或信号源内阻较大时，应引入并联负反馈。例如，放大电路采用的信号源是电流源时，就要求信号源内阻越大越好。

③ 根据负载对放大电路输出电量或输出电阻的要求，决定是引入电压负反馈还是电流负反馈。若负载要求提供稳定的电压信号（输出电阻小），则应引入电压负反馈；若负载要求提供稳定的电流信号（输出电阻大），则应引入电流负反馈。

④ 在需要进行信号变换时，应根据四种类型的负反馈放大电路的功能选择合适的组态。例如，要求实现电流—电压信号的转换时，应在放大电路中引入电压并联负反馈等。

上面介绍的只是一般原则。应注意的是，负反馈对放大电路性能的影响只局限于反馈环内，反馈回路未包括的部分并不适用。性能的改善程度均与反馈深度 $|1+\dot{A}\dot{F}|$ 有关，但不是 $|1+\dot{A}\dot{F}|$ 越大越好。因为 $\dot{A}\dot{F}$ 都是频率的函数，对于某些电路来说，在一些频率下产生的附加相移可能使原来的负反馈变成了正反馈，甚至会产生自激振荡，使放大电路无法正常工作。另外，有时也可以在负反馈放大电路中引入适当的正反馈，以提高增益，等等。

🐾 实践操作

一、目的

1. 进一步理解负反馈对放大电路的影响。
2. 掌握负反馈放大电路的调试与测试技术。

二、器材

1. 万用表、双踪示波器、直流稳压电源、低频信号发生器。
2. 测试电路见图 4.9，配套电子元件及材料见表 4.1。

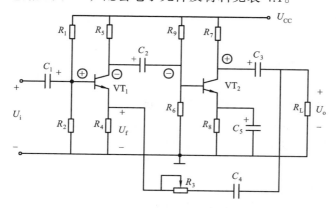

图 4.9   负反馈放大电路

表 4.1　配套电子元件及材料明细表

代　号	名　称	规　格	代　号	名　称	规　格
R_1	碳膜电阻	62 kΩ / 0.25 W	VT$_1$	三极管	9014
R_2	碳膜电阻	10 kΩ / 0.25 W	VT$_2$	三极管	9014
R_3	微调电位器	10 kΩ / 0.25 W	C_1	电解电容器	10μF/16V
R_4	碳膜电阻	330 Ω / 0.25 W	C_2	电解电容器	10μF/16V
R_5	碳膜电阻	2 kΩ / 0.25 W	C_3	电解电容器	10μF/16V
R_6	碳膜电阻	10 kΩ / 0.25 W	C_4	电解电容器	47μF/16V
R_7	碳膜电阻	2 kΩ / 0.25 W	C_5	电解电容器	10μF/16V
R_8	碳膜电阻	470 Ω / 0.25 W	面包板 1 块		
R_9	碳膜电阻	62 kΩ / 0.25 W	连接导线若干		

三、操作步骤

（一）电路分析

图 4.9 是负反馈放大电路的原理图，它由两级分压式偏置共射极放大电路组成。电路中共有三处负反馈：

① VT$_2$ 的发射极接有发射极电阻 R_8 和交流旁路电容 C_5，可以判断出是直流反馈；使输出端对地短路，反馈信号依然存在，是电流反馈；反馈信号加到 VT$_2$ 的发射极属于串联反馈；用瞬时极性法可以判断，反馈信号使放大电路的净输入量减小，是负反馈。所以，该处反馈是直流电流串联负反馈，起稳定静态工作点的作用。

② VT$_1$ 的发射极也接有发射极电阻 R_4，既有直流又有交流负反馈，也属于电流串联负反馈。

③ R_3、C_4 是将第二级输出端信号反馈到第一级的输入回路，是级间负反馈，属于电压串联交流负反馈，调整 R_3 可以改变反馈系数，此放大电路的性能因此得到改善。

（二）放大电路的调整与测试

在面包板上搭接图 4.9 所示的负反馈放大电路，电路搭接好并经检测确认无误后，按下列步骤对该电路进行调试和测试，将结果记录于表 4.2 中。

① 将低频信号发生器的"频率"挡置"1 000 Hz"，输出信号电压为 10 mV，并将电压输出端与放大电路输入端连接。

② 将 R_3 从电路中切除，接通电路电源（12 V）。

③ 将双踪示波器的双通道分别与放大电路的输入端、输出端连接，调整相应开关，使输入、输出电压波形稳定显示（1～3 个周期）。

④ 逐渐增大低频信号发生器的输出，观察输出波形达到最大不失真时的输出，记录此时的输入、输出电压峰值记录于表 4.2 中。

表 4.2　调试、测试结果记录表

电路状态	调试步骤④ （无负反馈）	调试步骤⑤、⑥ （加负反馈）	调试步骤⑦ （切除负反馈）	调试步骤⑧ （加深负反馈）
输入电压	$U_{ip\text{-}p}=$　　　V	$U_{ip\text{-}p}=$　　　V	$U_{ip\text{-}p}=$　　　V	$U_{ip\text{-}p}=$　　　V
输出电压	$U_{op\text{-}p}=$　　　V	$U_{op\text{-}p}=$　　　V	$U_{op\text{-}p}=$　　　V	$U_{op\text{-}p}=$　　　V
输出波形				

⑤ 接入 R_3，调至最大值（10 kΩ）。

⑥ 逐渐增加低频信号发生器的输出，观察输出波形，当达到前次输出波形的幅度时，记录此时的输入电压峰值于表 4.2 中。通过测试比较可以看出，加上负反馈后，放大电路的放大倍数下降。

⑦ 保持低频信号发生器的输出不变，再次切除 R_3，观察输出电压波形的变化情况，由此看出，去除负反馈后，放大电路出现非线性失真现象。

⑧ 保持低频信号发生器的输出不变，接入 R_3，并逐渐减小其阻值直到零，观察输出电压幅度的变化情况，由此可以看出负反馈的深度对放大电路放大倍数的影响。

📝 课外练习

一、填空题

1. 将放大器输出信号的一部分（或全部），经过一定的电路送回到输入回路，与原来的输入信号共同控制放大器，这样的作用过程称为_____。

2. 放大电路中引入电压并联负反馈，可以使输入电阻_____、输出电阻_____。

3. 在放大电路中，为了稳定静态工作点，宜引入_____反馈；要展宽频带、稳定增益，宜引入_____反馈；为了提高输入阻抗，宜引入_____反馈。

4. 在放大电路中，为了稳定放大倍数，应引入_____负反馈。

5. 把放大电路输出端短路，使输出电压为零，若反馈信号也为零，则为_____反馈，否则为_____反馈。

二、判断题

1. 接入负反馈后反馈放大电路的电压放大倍数 A_{uf} 一定是负值，接入正反馈后反馈放大电路的电压放大倍数 A_{uf} 一定是正值。　　　　（　　）

2. 在负反馈放大电路中，放大器的开环放大倍数越大，闭环放大倍数就越稳定。　　　　（　　）

3. 在深度负反馈放大电路中，只有尽可能地增大开环放大倍数，才能有效地提高闭环放大倍数。　　　　（　　）

4. 在深度负反馈的条件下，闭环放大倍数 $A_{uf} \approx 1/F$，它与反馈网络有关，而与放大器开环放大倍数 A 无关，故可以省去放大器，仅留下反馈网络，以获得稳定的放大倍数。　　　　（　　）

5. 在深度负反馈的条件下，由于闭环放大倍数 $A_{uf} \approx 1/F$，与晶体管的参数几乎无关，因此可以任意选择晶体管来组成放大级，晶体管的参数也没有什么意义了。　　　　（　　）

6. 若放大电路的负载固定，为了使其电压放大倍数稳定，可以引入电压负反馈，也可以引入电流负反馈。　　　　（　　）

三、选择题

1. 对于放大电路，所谓闭环是指（　　　　）

   A. 接入电源　　　　　　　B. 接入负载

   C. 存在反馈通路　　　　　D. 存在信号源内阻

2. 在输入量不变的情况下，若引入反馈后（　　　　），则说明引入的是负反馈。

   A. 输入电阻变大　　　　　B. 净输入量减小

   C. 净输入量增大　　　　　D. 输出量增大

3. 为了增大放大电路的输入电阻，应引入（　　　　）负反馈。

   A. 电压　　　　B. 电流　　　　C. 串联　　　　D. 并联

4. 为了减小放大电路的输出电阻，应引入（　　　　）反馈。

   A. 电压　　　　B. 电流　　　　C. 串联　　　　D. 并联

5. 为了稳定放大电路的输出电流，应引入（　　　　）负反馈。

   A. 电压　　　　B. 电流　　　　C. 串联　　　　D. 并联

四、分析题

在图 4.10 所示电路中，判断反馈的有无和极性。（如包括交流反馈，则进一步判断反馈的输入、输出组态；如为两极电路，则只考虑总体反馈，不考虑单极内部的反馈）

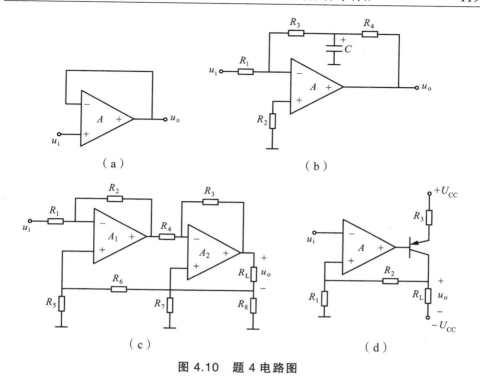

图 4.10　题 4 电路图

基础训练 2　正弦波振荡电路的分析与测试

相关知识

一、正弦波振荡的条件和正弦波振荡电路的组成

我们在使用话筒时，有时会听到扩音系统发出刺耳的啸叫声，原因就是扬声器发出的声音传入话筒，话筒将声音转化为电信号，送给扩音机放大，再由扬声器将放大了的电信号转化为声音，声音又返送回话筒，形成正反馈，如此反复循环，就产生了自激振荡啸叫。显然，自激振荡是扩音系统应该避免的，而信号发生器正是利用自激振荡的原理来产生正弦波的。

正弦波发生电路能产生正弦波输出，它是在放大电路的基础上加上正反馈而形成的。正弦波发生电路又称为正弦波振荡电路或正弦波振荡器，它是各类波形发生器和信号源的核心电路。

（一）振荡条件

由前述分析可知，在带有负反馈的电路中，输入端输入正弦波信号后，在输出端得到放大后的正弦波信号。如果将输入信号去掉后，仍然要求在输出端得到一定频率和幅值的正弦波信号的话，那么反馈就必须是正反馈，使反馈的信号能代替原来的输入信号，形成放大—反馈—放大的循环，即产生振荡。

由此可见，正弦波振荡的条件是：反馈信号与输入信号相位相同、幅值大于或等于输入信号，即：

$$\dot{X}_{\mathrm{f}} \geqslant \dot{X}_{\mathrm{id}} \Rightarrow \dot{F}\dot{X}_{\mathrm{o}} \geqslant \dot{X}_{\mathrm{id}} \Rightarrow \dot{F}\dot{A}\dot{X}_{\mathrm{id}} \geqslant \dot{X}_{\mathrm{id}} \Rightarrow \dot{A}\dot{F} \geqslant 1$$

$$\dot{A}\dot{F} \geqslant 1 \qquad\qquad (4.2)$$

上式包含着两层含义：

① 反馈信号的幅值必须大于或等于输入信号，即：

$$\left|\dot{A}\dot{F}\right| \geqslant 1 \qquad\qquad (4.3)$$

上式称为幅值平衡条件，AF 大于 1 是起振时的幅值条件，而 AF 等于 1 是稳幅振荡的条件。

② 反馈信号与输入信号相位相同，表示输入信号经过放大电路产生的相移 φ_{A} 和反馈网络的相移 φ_{f} 之和为 $2n\pi$，即：

$$\varphi_{\mathrm{A}} + \varphi_{\mathrm{f}} = 2n\pi \quad (n = 0, 1, 2, \cdots) \qquad\qquad (4.4)$$

上式称为相位平衡条件。

（二）正弦波振荡电路的组成

为了产生正弦波，必须在放大电路里加入正反馈，因此放大电路和正反馈网络是振荡电路的主要部分。但是，由这两部分构成的振荡器一般是得不到正弦波的，因为我们很难控制正反馈的量。

在实际电路中并没有输入信号，那么正弦波输出信号是如何产生的呢？

放大电路在接通电源的瞬间，随着电源电压由零开始增大，电路受到扰动，在放大器的输入端产生一个微弱的扰动电压信号，经放大器放大、正反馈、再放大、再反馈……如此反复循环，输出信号的幅度很快增加。这个扰动电压包含了从低频到高频的各种频率的谐波成分，为了能得到我们需要频率的正弦波信号，必须增加选频网络，使选频网络中心频率上的信号能通过，其他频率的信号被抑制。

那么，振荡电路起振以后，振荡幅度会不会无休止地增长下去呢？三极管的非线性可以限幅，但必然产生非线性失真。为了得到幅值稳定、不失真的正弦波信号，就需要增加稳幅环节，使振荡电路的输出在达到一定幅值以后，维持为一个相对稳定的稳幅振荡。也就是说，在振荡建立的初期，必须使反馈信号大于原输入信号，反馈信号一次比一次大，才能使振荡幅度增大；当振荡建立以后，还必须使反馈信号等于原输入信号，才能使建立的振荡得以维持下去，输出信号的幅值得以稳定。

　　由此可见，要形成正弦波振荡电路，必须包含以下组成部分：① 放大电路；② 正反馈网络；③ 选频网络；④ 稳幅环节。

　　因此，判断正弦波振荡电路是否建立，可从以下几方面考察：

　　① 检查电路是否包含上述四部分。

　　② 检查放大电路，一方面检查静态偏置是否能保证放大电路正常工作，另一方面分析交流通路是否能正常放大交流信号。

　　③ 检查电路是否满足相位平衡条件和幅度平衡条件。一般情况下，幅度条件容易满足，重点检查是否满足相位平衡条件。

　　根据选频网络组成元件的不同，正弦波振荡电路通常分为 RC 振荡电路、LC 振荡电路和石英晶体振荡电路。

二、RC 正弦波振荡电路

　　RC 正弦波振荡电路结构简单、性能可靠，用来产生几兆赫兹以下的低频信号，常用的 RC 振荡电路有 RC 桥式振荡电路和移相振荡电路。这里只介绍 RC 串并联网络构成的 RC 桥式振荡电路。

（一）RC 串并联网络的频率响应

　　如图 4.11 所示，RC 串联臂的阻抗用 Z_1 表示，RC 并联臂的阻抗用 Z_2 表示，则：

$$Z_1 = R_1 + 1/j\omega C_1$$

$$Z_2 = \frac{R_2 \times \left(1/j\omega C_2\right)}{R_2 + 1/j\omega C_2}$$

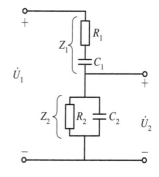

图 4.11　RC 串并联网络

　　将输出电压 $\dot{U}_2$ 与输入电压 $\dot{U}_1$ 之比作为 RC 串并联网络的反馈系数 $\dot{F}$，那么：

$$\dot{F} = \frac{\dot{U}_2}{\dot{U}_1} = \frac{Z_2}{Z_1 + Z_2}$$

　　在实际电路中，取 $C_1 = C_2 = C$，$R_1 = R_2 = R$，数学推导得：

$$\dot{F} = \frac{1}{3 + j\left(\omega RC - \dfrac{1}{\omega RC}\right)} \tag{4.5}$$

设输入电压 $\dot{U}_1$ 为振幅恒定、频率可调的正弦波信号电压，由上式可得：

① 当 $\omega = 0$ 时，反馈系数 $\dot{F}$ 的模值 $F = 0$，相角 $\varphi_\mathrm{f} = +90°$。

② 当 $\omega = \infty$ 时，反馈系数 $\dot{F}$ 的模值 $F = 0$，相角 $\varphi_\mathrm{f} = -90°$。

③ 当 $\omega = 1/RC$ 时，反馈系数 $\dot{F}$ 的模值 $F = 1/3$，且为最大，相角 $\varphi_\mathrm{f} = 0°$。

由此可见：当 ω 从 0 趋于 ∞ 时，F 的值先从 0 逐渐增加，然后又逐渐减少到 0，其相角也从 $+90°$ 逐渐减少到 $0° \sim -90°$，如图 4.12 所示。

由以上分析可知：RC 串并联网络只有在

$$\omega = \omega_0 = \frac{1}{RC}$$

即

$$f = f_0 = \frac{1}{2\pi RC} \qquad （4.6）$$

时，输出幅度最大，而且输出电压与输入电压同相。所以，RC 串并联网络具有选频特性。

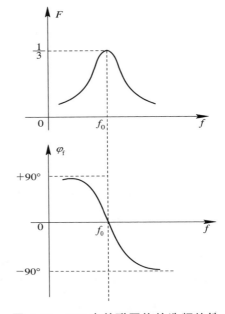

图 4.12　RC 串并联网络的选频特性

（二）RC 文氏桥振荡器

RC 文氏桥振荡电路如图 4.13 所示。

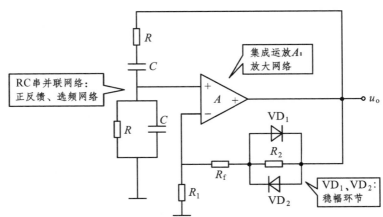

图 4.13　RC 文氏桥正弦波振荡电路

在图 4.13 中，集成运放组成一个同相放大器，它的输出电压 u_o 作为 RC

串并联网络的输入电压，而将 RC 串并联网络中并联部分的输出电压作为放大器的输入电压，当 $f = f_0$ 时，RC 串并联网络的相移为零，放大器是同相放大器，电路的总相移是零，满足相位平衡条件，而对于其他频率的信号，RC 串并联网络的相移不为零，不满足相位平衡条件。由于 RC 串并联网络在 $f = f_0$ 时的反馈系数 $F = 1/3$，因此要求放大器的总电压增益 A_u 应大于 3，这对于集成运放组成的同相放大器来说是很容易满足的。由 R_1、R_f、VD_1、VD_2 及 R_2 构成电压串联负反馈支路，它与集成运放形成了同相输入比例运算放大器，其电压放大倍数满足

$$A_f = 1 + \frac{R_f}{R_1}$$

只要适当选择 R_f 与 R_1 的比值，就能实现 $A_f > 3$ 的要求。其中，VD_1、VD_2 和 R_2 是实现自动稳幅的限幅电路。

由集成运算放大器构成的 RC 桥式振荡电路，具有性能稳定、电路简单等优点。其振荡频率由 RC 串并联正反馈选频网络的参数决定，即

$$f = f_0 = \frac{1}{2\pi RC} \tag{4.7}$$

为了抑制温度对振荡电路的影响，在 RC 文氏桥振荡电路中，R_1 和 R_f 均采用热敏电阻，其中，R_1 采用正温度系数的热敏电阻，R_f 采用负温度系数的热敏电阻，以抑制温度升高导致振荡幅度增加。

三、LC 正弦波振荡电路

（一）LC 并联振荡电路

LC 正弦波振荡电路的构成与 RC 正弦波振荡电路相似，包括放大电路、正反馈网络、选频网络和稳幅电路。这里的选频网络是由 LC 并联谐振电路构成的，正反馈网络因不同类型的 LC 正弦波振荡电路而有所不同。

LC 并联谐振电路如图 4.14（a）所示。显然，输出电压是频率的函数，即：

$$\dot{U}_o(\omega) = f\left[\dot{U}_i(\omega)\right]$$

输入信号频率过高，电容的旁路作用加强，输出减小；反之频率太低，电感将短路输出。并联谐振曲线如图 4.14（b）所示。

只有当中间某一频率 $f = f_0$ 时，网络才呈纯电阻性，且等效阻抗达到最大值，此时产生并联谐振，其谐振频率为：

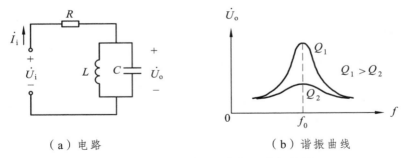

（a）电路　　　　　　　　　（b）谐振曲线

图 4.14　LC 并联谐振电路及选频特性

$$f_0 = \frac{1}{2\pi\sqrt{LC}} \tag{4.8}$$

　　LC 振荡电路分为变压器反馈式 LC 振荡电路、电感反馈式 LC 振荡电路、电容反馈式 LC 振荡电路，用来产生几兆赫兹以上的高频信号。

（二）变压器反馈 LC 振荡器

　　变压器反馈 LC 振荡电路如图 4.15 所示。L_1C 并联谐振电路作为三极管的负载，反馈线圈 L_2 与电感线圈 L_1 相耦合，将反馈信号送入三极管的输入回路。调整反馈线圈的匝数可以改变反馈信号的强度，以使正反馈的幅度条件得以满足。变压器反馈 LC 振荡电路的振荡频率与并联 LC 谐振电路相同，为：

$$f = f_0 = \frac{1}{2\pi\sqrt{LC}} \tag{4.9}$$

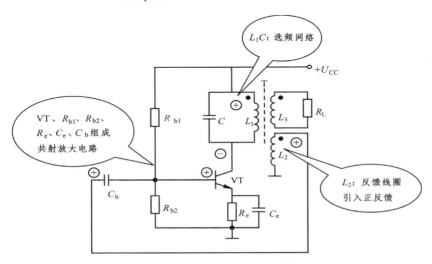

图 4.15　变压器反馈式 LC 正弦振荡电路

优点：易于产生振荡，输出电压波形失真不大，应用范围广泛。

缺点：耦合不紧密，损耗较大。

（三）电感三点式 LC 振荡电路

电感三点式 LC 振荡电路如图 4.16 所示。

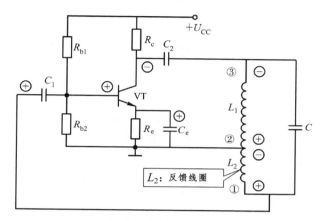

图 4.16　电感三点式 LC 振荡电路

振荡频率为：

$$f_0 = \frac{1}{2\pi\sqrt{LC}} = \frac{1}{2\pi\sqrt{(L_1 + L_2 + 2M)C}} \qquad (4.10)$$

式中，M 为电感 L_1 与 L_2 之间的互感。

该电路的特点是：

① 线圈 L_1、L_2 之间耦合紧密，比较容易起振。

② 调节频率方便。

③ 一般用于产生 1 MHz 至几十兆赫兹频率的信号。

④ 输出波形中含有较大的高次谐波，波形较差，频率稳定度不高。

⑤ 通常用于要求不高的设备中。

（四）电容三点式 LC 振荡电路

电容三点式 LC 振荡电路如图 4.17 所示。

振荡频率为：

$$f_0 = \frac{1}{2\pi\sqrt{LC}} = \frac{1}{2\pi\sqrt{L\left(\dfrac{C_1 C_2}{C_1 + C_2}\right)}} \qquad (4.11)$$

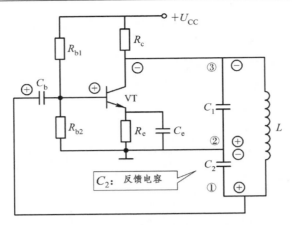

图 4.17　电容三点式 LC 振荡电路

该电路的特点是：

① 反馈电压中谐波分量很小，输出波形较好。

② 振荡频率较高，一般可达到 100 MHz 以上。

③ 适用于产生固定频率的振荡，若要改变频率，可进行改进。

四、石英晶体振荡电路

（一）石英晶体的压电效应

石英晶体因其具有压电效应被用作振荡器。当给石英晶片外加交变电压时，石英晶片将按交变电压的频率发生机械振动，同时机械振动又会在两个电极上产生交变电荷，结果在外电路中形成交变电流，即所谓压电效应。当外加交变电压的频率等于石英晶片的固有机械振动频率时，晶片发生共振，此时机械振动幅度最大，晶片两面的电荷量以及电路中的交变电流也最大，产生了类似于回路的谐振现象，此现象称为压电谐振。晶片的固有机械振动频率称为谐振频率，而且振荡频率稳定度极高。因此，石英晶体广泛用于标准频率发生器、脉冲计数器及电子计算机中的时钟信号发生器等精密设备中。压电谐振的固有频率与石英晶体的外形尺寸及切割方式有关。

（二）石英晶体的等效电路及振荡频率

从电路上分析，石英晶体可以等效为一个 LC 串并联电路，如图 4.18 所示。

图 4.18 中，C_0 为两个金属板之间的静态电容，其容量由晶片的几何尺寸、介电常数及极板面积决定，一般为几皮法至几十皮法。L 和 C 分别模拟晶体的惯性和弹性，一般 L 很大（百分之几亨至几百亨），而 C 很小（小于 0.1 pF），R 模拟晶片振动时因摩擦而形成的损耗，其值也很小，因此，等效 LC 回路

的品质因数 Q 值很大，加上晶片本身的谐振频率可以做得很精确，所以利用石英谐振器组成的正弦波振荡电路，可以获得很高的频率稳定度。

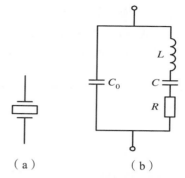

图 4.19 所示为石英晶体谐振器的电抗-频率特性。由图可知，它具有两个谐振频率，一个是 L、C、R 支路发生串联谐振时的串联谐振频率 f_s，另一个是 L、C、R 支路与 C_0 支路发生并联谐振时的并联谐振频率 f_p。由等效电路得：

（a）　　　　　（b）

图 4.18　石英晶体的符号和等效电路

$$f_s = \frac{1}{2\pi\sqrt{LC}} \tag{4.12}$$

$$f_p = \frac{1}{2\pi\sqrt{L\dfrac{CC_0}{C+C_0}}} \tag{4.13}$$

对应这两个频率，石英晶体在工作中，可能出现两个极端的阻抗。当出现串联谐振时，石英晶体两端的阻抗最小，且为纯阻性；当出现并联谐振时，石英晶体两端的阻抗最大，也为纯阻性。由于 C_0 比 C 大得多，f_s 与 f_p 的数值非常接近。另外，在图 4.19 中，只有在 $f_s \sim f_p$ 的窄小频率范围内，石英晶体呈现的阻抗是感性的，而在其余高、低频区域工作时，石英晶体的阻抗呈容性。

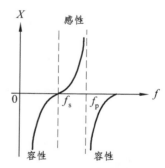

图 4.19　石英晶体的电抗-频率特性

（三）石英晶体的质量判别

首先检查石英晶体振荡器的外观，应标志清晰、整洁、无裂纹、引脚牢固可靠。

使用万用表电阻挡能大致判断石英晶体振荡器的质量，方法是测量两引脚之间的电阻值，应为 ∞，若阻值很小或为零，则说明该石英晶体振荡器已损坏。

要判断石英晶体振荡器的谐振特性可以采用模拟测量法，即将被测石英晶体振荡器替换实际振荡电路中相同型号规格的石英晶体振荡器，观察电路输出，若保持不变，说明质量合格。

（四）石英晶体振荡电路的分类

1. 并联型石英晶体振荡电路

并联型石英晶体振荡电路如图 4.20 所示。

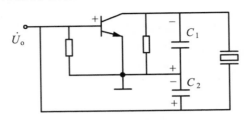

图 4.20　并联型石英晶体振荡电路

图 4.20 中，石英晶体工作在 f_s 与 f_p 之间，相当一个大电感，与 C_1、C_2 组成电容三点式振荡器。由于石英晶体的 Q 值很高，所示该电路可以获得很高的振荡频率稳定性。

2. 串联型石英晶体振荡电路

串联型石英晶体振荡电路如图 4.21 所示。

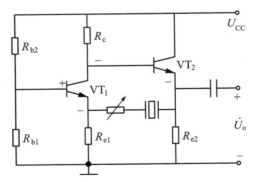

图 4.21　串联型石英晶体振荡电路

图 4.21 中，石英晶体工作在 f_s 处，呈电阻性，且阻抗最小，正反馈最强。加入石英晶体是利用石英晶体的高 Q 值来提高振荡频率的稳定性。

🏋 实践操作

一、目的

1. 进一步认识反馈的概念及反馈类型的判断。

2. 了解 RC 正弦波振荡电路的组成和基本工作原理。

3. 学会 RC 正弦波振荡电路的调试与测试方法。

4. 培养学生分析电路、解决实际问题的能力以及团结协作精神。

二、器材

1. 万用表、双踪示波器、直流稳压电源。
2. 搭接、测试电路见图 4.22，配套电子元件及材料见表 4.3。

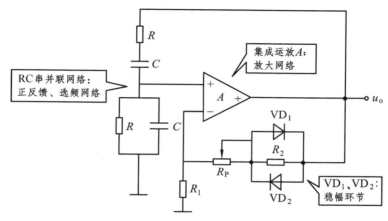

图 4.22　RC 正弦波振荡电路实例

表 4.3　配套电子元件及材料明细表

代　号	名　称	规　格	代　号	名　称	规　格
R	碳膜电阻	10 kΩ / 0.25 W（2 只）	VD_1、VD_2	二极管	1N4001
R_1	碳膜电阻	20 kΩ / 0.25 W	A	集成运算放大器	OP07
R_2	碳膜电阻	5.1 kΩ / 0.25 W		面包板 1 块	
R_P	微调电位器	30 kΩ / 0.5 W		连接导线	
C	瓷片电容器	0.033 μF/25 V（2 只）		8Pin 集成电路插座 1 套	

三、操作步骤

（一）集成运算放大器的选用

本工作任务电路中选用集成运放 OP07，OP07 高精度运放具有极低的输入失调电压、极低的失调电压温漂、极低的输入噪声电压幅度及长期稳定等特点，广泛应用于稳定积分、比较器、微弱信号的精确放大，尤其适宜于航空、军工的应用，可与 μA741、μA709、LM301、LM308、LF356、OP37、max427 运算放大器直接代换。OP07 集成运放有圆形封装和直插式封装两种，8 个引出脚，其外形和引脚功能如图 4.23 所示。

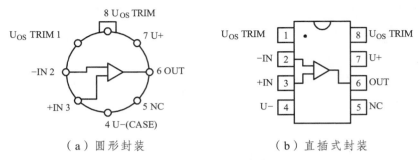

（a）圆形封装　　　　　　　　（b）直插式封装

图 4.23　OP07 的管脚图

（二）读电路图，了解电路组成

读电路图，认识电路中各元器件的符号、参数、特性和作用。

图 4.22 所示电路是由集成运算放大器实现的 RC 桥式振荡电路，产生约 500 Hz 的正弦波信号。电路由 RC 串并联选频网络和同相放大电路组成，RC 选频网络形成正反馈电路，并由它决定振荡频率；R_P 和 R_1 形成负反馈回路，由它决定起振的幅值条件和调节波形失真的程度与稳幅控制。当在输入端加低频小信号时，在输出端得到放大后的信号。

图 4.22 所示电路的振荡频率为：$f_0 = \dfrac{1}{2\pi RC}$

起振幅值条件为：$A_{uf} = \dfrac{R_1 + R_P}{R_1} \geqslant 3$　　即　　$R_P \geqslant 2R_1$

（三）元器件的清点、识别、测试

根据元件外形或用万用表测试，确定各元件的参数和管脚。

（四）在面包板上进行电路搭接、调试及测试

按工艺要求在面包板上搭接电路。应注意集成运算放大器的管脚和正负电源、二极管的正负不要接错，并通过引线引出集成运放的正、负电源端以及输出端、公共接地端。

① 电路搭接好后，反复检查搭接电路，在确定电路连接无误的情况下，将集成运放接上正、负直流稳压电源，用示波器接输出端观察输出波形，调节 R_P 使电路起振且使波形失真最小，并观察电阻 R_P 的变化对输出波形的影响。

② 用频率计或示波器测量所产生的正弦信号的频率，用示波器观测并记录运放的反相器、同相端电压 u_N、u_P 和输出电压 u_o 的波形幅值与相位关系，测出 f_0，将测试的 f_0 值与理论值进行比较，将结果记录于表 4.4 中。

表 4.4　调试、测试结果记录表

测试值				计算值（理论值）
u_N	u_P	u_o	f_0	f_0

u_N 与 u_o 的相位关系：

u_P 与 u_o 的相位关系：

课外练习

一、填空题

1. 电路要振荡必须满足＿＿＿＿＿＿＿＿和＿＿＿＿＿＿＿＿ 两个条件。

2. 正弦波振荡器常以选频网络所用元件来命名，分为＿＿＿＿＿ 正弦波振荡器，＿＿＿＿＿＿正弦波振荡器和＿＿＿＿＿＿正弦波振荡器。

3. 正弦波振荡器一般由＿＿＿＿＿、＿＿＿＿＿、＿＿＿＿＿和＿＿＿＿＿四部分组成。

4. LC 振荡器分为＿＿＿＿＿ 反馈式、＿＿＿＿＿反馈式和＿＿＿＿＿反馈式三种。

5. 当给石英晶片外加交变电压时，石英晶片将按交变电压的频率发生机械振动，反之机械振动又会在两个电极上产生＿＿＿＿＿，结果在外电路中形成交变电流，即所谓＿＿＿＿＿。

6. 石英晶体正弦波振荡电路分为＿＿＿＿＿＿、＿＿＿＿＿＿两种。

二、判断题

1. 正弦波振荡电路的振荡频率由选频网络中的元件参数决定。（　　　）

2. 正弦波振荡电路中，必须有正反馈才可能起振。（　　　）

3. RC 正弦波振荡电路的振荡频率较高，一般在 1 MHz 以上。（　　　）

4. LC 正弦波振荡电路的振荡幅度稳定，是利用放大器件的非线性来实现的。（　　　）

5. 当电路满足正弦波振荡的相位平衡条件时，电路就有可能振荡。（　　　）

6. 当电路满足正弦波振荡的振幅平衡条件时，电路就一定能振荡。（　　　）

7. 在正弦波振荡电路中，只允许存在正反馈，不允许有负反馈。（　　　）

8. 放大电路中的反馈网络，如果是正反馈则能产生振荡，如果是负反馈则不会产生振荡。（　　　）

9. 要制作频率稳定度很高而且频率可调的正弦波振荡电路，一般采用晶

体振荡电路。　　　　　　　　　　　　　　　　　　　　（　　）

10. LC 正弦波振荡电路与 RC 正弦波振荡电路的组成原则上是相同的。

（　　）

三、选择题

1. 正弦波振荡电路的振幅条件，只要满足 AF（　　）。

    A. = −1　　　　　B. = 0　　　　　C. = 1　　　　　D. 不确定

2. 正弦波振荡电路必须引入正反馈，即放大电路与反馈电路的总相移必须等于（　　）。

    A. 90°　　　　　B. 180°　　　　　C. 270°　　　　　D. 360°

3. RC 正弦波振荡电路的选频网络是由（　　）电路构成的。

    A. RC 串并联电路　　　　　B. LC 并联电路

    C. LC 串联电路　　　　　　D. RC 串联电路

4. 石英晶体振荡器的固有频率与晶片的（　　）有关。

    A. 重量　　　　　B. 几何尺寸　　　　　C. 形状　　　　　D. 体积

5. 石英晶体振荡器呈感性必须满足（　　）。

    A. $f > f_s$　　　B. $f < f_p$　　　C. $f < f_s$　　　D. $f_p > f > f_s$

四、分析题

电路如图 4.24 所示，已知振荡频率为 1 kHz，电容 $C = 0.01\ \mu F$。

1. 标出图中集成运放的同相输入端（用 "＋" 表示）和反向输入端（用 "－" 表示），使之能正常工作。

2. 根据振荡频率确定电阻 R 的值。

3. 已知 $R_1 = 3\ k\Omega$，则 R_2 应符合什么要求电路才能起振？

4. R_1 和 R_2 哪个为负温度系数热敏电阻？

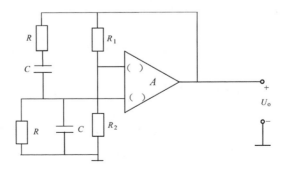

图 4.24　RC 振荡电路

☺ 任务实施
制作 ICL8038 构成的正弦波信号产生电路

一、信息搜集

1. 能产生正弦波信号的相关电路信息。
2. 集成函数发生器 ICL8038 的基本原理、性能、管脚、应用等有关信息。
3. 装配电路所需的材料、工具、仪器等信息。
4. 装配电路的工艺流程和工艺标准。
5. 集成函数发生器 ICL8038 构成的正弦波信号产生电路的有关调试、测试信息。

二、实施方案

1. 确定用集成函数发生器 ICL8038 构成的正弦波信号产生电路的原理图，如图 4.1 所示。
2. 查阅集成函数发生器 ICL8038 的管脚、性能和正确接线图。
3. 确定电路装配所需的工具：剥线钳、斜口钳、5 号一字和十字螺丝刀、电烙铁及烙铁架，镊子、剪刀、焊锡丝、松香。
4. 确定与电路原理图对应的实际元件和材料，见表 4.5。

表 4.5　配套电子元件及材料明细表

代号	名　称	规　格	代　号	名　称	规　格
R_1	碳膜电阻	1 kΩ / 0.25 W	R_{P4}	微调电位器	100 kΩ / 0.25 W
R_2	碳膜电阻	22 kΩ / 0.25 W	IC_1	集成函数发生器	ICL8038
R_3	碳膜电阻	10 kΩ / 0.25 W	IC_2	集成运算放大器	μA741
R_4	碳膜电阻	4.7 kΩ / 0.25 W	IC_3	集成功率放大器	TDA2030A
R_5	碳膜电阻	4.7 kΩ / 0.25 W	C_1	瓷片电容	0.1 μF
R_6	碳膜电阻	10 kΩ / 0.25 W	C_2	瓷片电容	0.01 μF
R_7	碳膜电阻	10 kΩ / 0.25 W	C_3	电解电容器	47 μF / 50 V
R_8	碳膜电阻	47 kΩ / 0.25 W	C_4	电解电容器	47 μF / 50 V
R_9	碳膜电阻	5.1 kΩ / 0.25 W	C_5	电解电容器	22 μF / 50 V
R_{10}	碳膜电阻	3.3 kΩ / 0.25 W	C_6	电解电容器	220 μF / 50 V
$R_{1\cdot}$	碳膜电阻	22 kΩ / 0.25 W	ϕ 0.8 mm 镀锡铜丝若干		

续表

代号	名　称	规　格	代　号	名　称	规　格
R_{12}	碳膜电阻	33 Ω / 0.25 W	焊料、助焊剂、绝缘胶布若干		
R_{13}	碳膜电阻	31.6 Ω / 0.25 W	万能电路板 1 块		
R_{14}	碳膜电阻	33 Ω / 0.25 W	紧固件 M4×15,4 套；多股软导线 400 mm		
R_{15}	碳膜电阻	22 kΩ / 0.25 W	8Pin 集成电路插座 1 块		
R_{P1}	微调电位器	10 kΩ / 0.25 W	14Pin 集成电路插座 1 块		
R_{P2}	微调电位器	47 kΩ / 0.25 W	散热片 30×30 mm		
R_{P3}	微调电位器	100 kΩ / 0.25 W			

5. 确定装配电路的工艺流程和测试方法。

6. 确定测试仪器、仪表：数字万用表、直流稳压电源、示波器、电子毫伏表。

7. 制订任务进度。

三、工作计划与步骤

（一）了解集成函数发生器 ICL8038

1. ICL8038 的功能及管脚

ICL8038 型精密函数发生器是美国英特西尔公司的产品，国产型号为5G8038。它属于单片集成电路，具有频率范围宽、频率稳定度高、外围电路简单、易于制作等优点。它可产生 0.001 Hz ~ 300 kHz 高质量的正弦波、矩形波（或方波、窄脉冲）、三角波（或锯齿波）等函数波形，很适合装入万用表内部。此外，利用 ICL8038 还能实现 FM 调制、扫描输出。

ICL8038 采用 14 脚双列直插式封装，管脚排列见图 4.25。

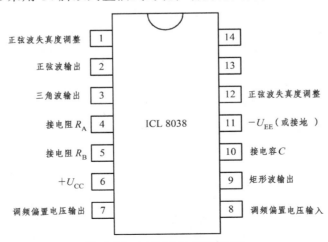

图 4.25　ICL8038 的管脚图

2. ICL8038 的主要技术指标

① 电源电压范围宽。采用单电源供电时,电源电压范围是 + 10 ~ + 30 V;采用双电源供电时, $+ U_{CC}$ ~ $- U_{EE}$ 的电压可在 ± 5 ~ ± 15 V 内选取。电源电流约为 15 mA。

② 振荡频率范围宽,频率稳定性好。频率范围是 0.001 Hz ~ 300 kHz,频率温漂仅为 50 ppm Hz / ℃（ 1 ppm Hz = 10^{-6} Hz)。

③ 输出波形失真小。正弦波失真度 < 5%,经过仔细调整后,失真度还可降低到 0.5%。三角波的线性度高达 0.1%。

④ 矩形波占空比的调节范围很宽,$D = 1\%$ ~ 99%,由此可获得窄脉冲、宽脉冲或方波。

⑤ 外围电路非常简单。通过调节外部阻容元件值,即可改变振荡频率。

⑥ 输出特性:

正弦波:幅度约 + 5 V,输出阻抗为 1 kΩ。

矩形波（或方波）,幅度近似等于电源电压,且为集电极开路输出（相当于 OC 门）。

三角波:幅度为 + 3 V,输出阻抗为 200 Ω。

⑦ 作调频输出时,FM 范围是 10 kHz,线性度为 0.5%。

3. ICL8038 的典型应用（同时产生正弦波、三角波、方波）

ICL8038 的典型应用电路如图 4.26 所示。其振荡频率由电位器 R_{P1} 滑动触点的位置、C 的容量、R_A 和 R_B 的阻值决定,图中 C_1 为高频旁路电容,用以消除 8 脚的寄生交流电压,R_{P2} 为方波占空比和正弦波失真度调节电位器,当 R_{P2} 位于中间时,可输出方波。

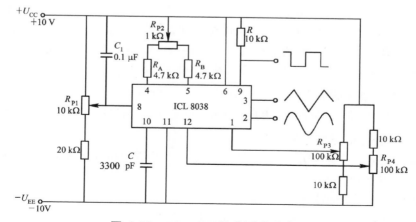

图 4.26　ICL8038 的典型应用电路

（二）了解集成功率放大器 TDA2030A

前面学过的放大电路主要是把微弱电信号不失真地放大为较大的输出电信号，其输出功率并不是很大。而在实际应用中，放大的最终目的是要使信号具有足够大的功率以驱动负载，实现电路的特定功能，例如使扬声器发出声音、继电器动作、电动机转动、数据或图像显示、信号发射或传输等。

集成功率放大电路就是使用功放集成电路完成功率放大的电路，由于使用集成电路，元器件数量大大减少，整个电路得到简化，既便于安装，又使调试变得比较简单，因此应用十分广泛。

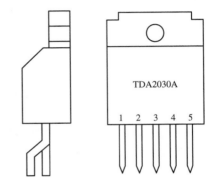

功放集成电路种类很多，可以分为通用型和专用型两大类。它的主要性能指标包括最大输出功率、电源电压范围、静态电流、电压增益、输入阻抗、频率宽度等。选用时可以查阅相关手册。

图 4.27 所示为 TDA2030A 型音频集成功率放大器的管脚排列图。使用功放集成电路时，一般都应加散热器，以保证电路正常工作。

图 4.27　TDA2030 的引脚排列

1—同相输入端；2—反相输入端；3—负电源端；
4—输出端；5—正电源端

（三）读电路图，分析电路的工作原理

图 4.1 所示是利用集成函数发生器 ICL8038 构成的正弦波信号产生电路。电路首先由 ICL8038 产生正弦波信号，其中 R_{P1} 用于调节 ICL8038 的调频电压输入，使 ICL8038 能正常工作，R_{P2} 用于调节输出的正弦波信号的幅值大小，R_{P3}、R_{P4} 用于调节正弦波信号的失真；ICL8038 输出的正弦波信号再经集成运算放大器构成的电压跟随器传输，目的是提高信号的抗干扰能力，最后再经 R_8 和 R_9 分压送到集成功率放大器 TDA2030 对信号进行功率放大，以提高带负载能力，放大倍数由 R_{11} 和 R_{10} 的阻值决定。

（四）元器件的清点、识别、测试

根据元器件外形判断或用万用表测试，确定各元器件的参数和管脚、质量等。

（五）进行电路的布局与布线

按工艺要求在通用电路板上设计装配图，并进行电路的布局与布线。注意元器件的管脚和极性不要接错。

按设计的装配布局图进行装配时应注意：

① 电阻器采用水平安装方式，电阻体贴紧电路板。

② 集成函数发生器 ICL8038、集成运算放大器采用 14Pin 集成电路插座

和 8Pin 集成电路插座，采用垂直安装方式，贴紧电路板。

③ 集成功率放大器 TDA2030 采用垂直安装方式，其上需加装散热片。

④ 微调电位器应贴紧电路板垂直安装，不能歪斜。

⑤ 电路装配完成后，应检查电路的布线是否正确，焊接是否可靠，有无漏焊、虚焊、短路等现象。

（六）电路的调试与测试

反复检查组装电路，在确定电路组装无误的情况下，接上直流电源（ ±15 V），输出接示波器，观察输出信号，调节 R_{P1}、R_{P2}、R_{P3}、R_{P4} 电位器，使电路输出一定幅值、一定频率、不失真的正弦波信号，然后通过示波器测试产生的正弦波信号的幅值和频率大小，并将测试结果记录于表 4.6 中。

表 4.6　电路测试记录表

产生的	频率大小		输出信号的幅值大小	
正弦波信号	周期 / ms	频率 / Hz	峰峰值 / V	有效值 / V
测试值				

四、验收评估

电路装配、测试完成后，按以下标准验收评估。

（一）装配

① 布局合理、紧凑。

② 导线横平竖直，转角呈直角，无交叉。

③ 元件间连接与电路原理图一致。

④ 电阻器水平安装，紧贴电路板。

⑤ 微调电位器、电容器垂直安装，高度符合工艺要求且平整、对称。

⑥ 集成函数发生器 ICL8038、集成运算放大器采用 14Pin 集成电路插座和 8Pin 集成电路插座，采用垂直安装方式，贴紧电路板。

⑦ 集成功率放大器 TDA2030 采用垂直安装方式，加装散热片。

⑧ 按图装配，元件的位置、极性正确。

⑨ 焊点光亮、清洁，焊料适量。

⑩ 布线平直，无漏焊、虚焊、假焊、搭焊、溅焊等现象。

⑪ 焊接后元件引脚留头长度小于 1 mm。

⑫ 线路正确，即输出端能得到一定幅值和一定频率的正弦波信号。

（二）测试

① 能正确调节正弦波信号的失真度。

② 能正确调节 R_{P2}，观察输出正弦波信号的幅值，并进行正确测试。

③ 能正确使用示波器。

（三）安全、文明生产

① 安全用电，不人为损坏元器件、加工件和设备等。

② 保持实验环境整洁，操作习惯良好。

③ 认真、诚信地工作，能较好地和小组成员交流、协作完成工作。

五、资料归档

在任务完成后，需编写技术文档。技术文档中需包含：电路的功能说明；电路原理图及原理分析；装配电路的工具、测试仪器仪表、元器件及材料清单；通用电路板上的电路布局图；电路制作的工艺流程说明；测试结果分析；总结。

技术文档必须按国家标准对其进行标准化，经相关人员审核后存入技术档案室进行统一管理。

📝 思考与提高

1. 图 4.28 所示为采用 ICL8038 和集成运算放大器构成的信号发生器电路，根据 ICL8038 的功能，试分析电路产生的信号频率是怎样实现调节的，图中的三个集成运算放大器在电路中起什么作用？

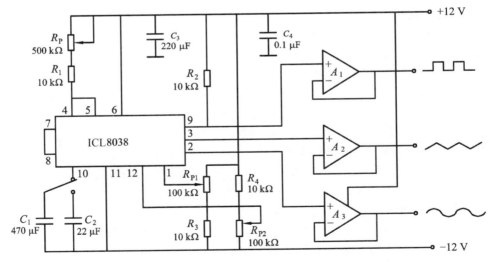

图 4.28　采用 ICL8038 和运算放大器构成的信号发生电路

2. MAX038 是一种单片高精密函数发生器，能产生 0.1 Hz ~ 20 MHz 的精确正弦波、矩形波和三角波信号，最高频率可达 40 MHz，具有高频率特性、频率范围宽、使用方便灵活的特点。查查手册，确定 MAX038 的管脚功能及应用电路。

学习项目 5
直流稳压电源的设计与制作

项目描述

同学们在前面的学习中接触到了直流稳压电源，它输入交流电，输出我们所需要的直流电。在电子电路及电子设备中，一般都需要直流稳压电源供电。本学习项目的任务是：设计与制作将 220 V / 50 Hz 的市电转换成幅值稳定、输出电压固定或可调、具有一定负载能力的直流电源。通过本项目，使学习者理解直流电源的基本工作原理、单元电路设计的基本方法与步骤，掌握直流稳压电源的装配、调试与测试的基本知识与技能。

项目要求

一、工作任务

1. 任务：设计直流稳压电源，其输出电压为 1.25 ~ 30 V 可调，最大输出电流为 1.5 A，输出纹波电压小于 5 mV，稳压系数小于 5×10^{-3}，输出电阻小于 0.1 Ω。

2. 要求：① 选择电路形式，设计出电路原理图；② 合理选择电路元器件的型号及参数，并列出材料清单；③ 画出安装布线图；④ 进行电路安装；⑤ 进行电路的调试与测试，拟定调试测试内容、步骤、记录表格，画出测试电路。

二、学习产出

1. 装配好的电路板。

2. 技术文档（包括：工作任务及要求，电路设计步骤，电路原理图及原理分析，电路元器件选择及材料清单，通用电路板上的电路布局图，电路装配的工艺流程说明，电路调整测试内容与步骤，数据记录，测试结果的整理分析，总结）。

学习目标

1. 了解直流电源的基本组成和性能指标。

2. 了解线性直流电源中的整流电路、滤波电路、稳压电路的特点和适用场合，掌握电路元件的参数计算、选择等。

3. 了解线性电源和开关电源的特点及适用场合，理解开关电源的基本原理。

4. 掌握线性直流电源的设计方法和步骤。

5. 掌握直流电源的装配和调试的操作技能。

6. 具有安全生产意识，了解事故预防措施。

7. 能与他人合作、交流，共同完成电路的设计、电路的组装与测试等任务，具有团结协作、敢于创新的精神和解决问题的关键能力。

🗼 基础训练 1　　单相整流滤波电路的分析与设计

📖 相关知识

一、直流电源的组成和性能指标

（一）直流电源的组成

图 5.1 所示为一个直流稳压电源的应用电路，图中，T_1 为自耦变压器，T_2 为电源变压器，$VD_1 \sim VD_4$ 为整流二极管，C_1 为滤波电容，CW7812 为三端稳压器，R 和 R_P 组成负载 R_L，两块电压表 V_1 和 V_2 分别接在整流滤波电路的输出端及稳压电路的输出端。

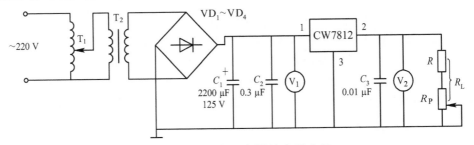

图 5.1　直流稳压电源的应用电路

对图 5.1 所示电路做以下测试和观察：

① 负载电阻 R_L 保持不变，调节自耦变压器在一定范围内变化（220 V ± 10% V），观察整流滤波电路输出端的电压表 V_1 及负载两端的电压表 V_2 的变化，就会发现，滤波电路输出端的电压表 V_1 指针发生了变化，而负载两端的电压表 V_2 读数却不变。

② 输入电压不变（自耦变压器调到 AC220 V），调节 R_P，观察负载两端的电压表 V_2，读数仍不变。

由此可以看出：该电路在电源电压及负载 R_L 变化时，负载两端的电压值均不变，即实现了稳压功能。

由图 5.1 可以看出：直流稳压电源就是一种把交流电变为稳定直流电输出的电子设备。它一般由电源变压器、整流电路、滤波电路和稳压电路四部分组成，其组成框图如图 5.2 所示。

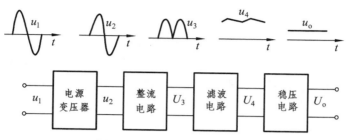

图 5.2　直流稳压电源的组成方框图

图 5.2 中，电源变压器的作用是为用电设备提供所需的交流电压，主要起降压的作用；整流电路的作用是将交流电变成脉动直流电；滤波电路的作用是将整流后的脉动直流电变换成平滑的直流电；稳压电路的作用是克服电网电压、负载及温度变化所引起的输出电压的变化，提高输出电压的稳定性。

（二）直流稳压电源的性能指标

在各种电子设备，如测量仪器、计算机、自动控制装置等，通常需要由直流电源供电，而且要求直流电源电压必须是稳定的。如果电源电压不稳定就会引起测量误差、电路工作不稳定、自动控制系统误动作，严重时会造成生产事故甚至危害到操作人员的生命安全。因此，了解直流电源的性能指标是很有必要的。

直流电源的技术指标包含使用指标、非电气性指标和性能指标。

使用指标是从功能的角度来说明直流稳压电源的容量大小，输出电压、输出电流的调节范围，过电压、过电流的保护，效率的高低等。

非电气性指标主要是指直流稳压电源的外观、体积和重量等。

性能指标是衡量直流稳压电源输出电压的稳定度、质量高低的重要技术指标，常用的性能指标有以下几种：

① 稳压系数 γ，是指通过负载的电流和环境温度保持不变时，稳压电源输出电压的相对变化量与输入电压的相对变化量之比，即：

$$\gamma = \frac{\Delta U_o / U_o}{\Delta U_i / U_i}\bigg|_{\Delta I_L = 0,\ \Delta T = 0} \tag{5.1}$$

式中：U_i——稳压电源的输入直流电压；

U_o——稳压电源的输出直流电压。

γ 的数值越小，直流电源输出电压的稳定性越好。

② 输出电阻 r_o，是指当输入电压和环境温度不变时，输出电压的变化量与输出电流变化量之比，即：

$$r_o = \frac{\Delta U_o}{\Delta I_o}\bigg|_{\Delta U_i=0,\,\Delta T=0} \tag{5.2}$$

r_o 的值越小，直流稳压电源带负载能力越强，对其它电路的影响越小。

③ 纹波电压 S，是指稳压电路输出端中含有的交流分量，通常用有效值或峰值表示。S 值越小越好，否则会影响电路的正常工作，例如在电视机中出现交流"嗡嗡"声和屏幕垂直方向出现 S 形扭曲光栅。

④ 温度系数 S_t，是指在 U_i 和 I_o 都不变的情况下，环境温度 T 变化所引起的输出电压的变化，即：

$$S_t = \frac{\Delta U_o}{\Delta T}\bigg|_{\Delta U_i=0,\,\Delta I_o=0} \tag{5.3}$$

S_t 的值越小，直流稳压电源受温度的影响越小。

直流稳压电源还有其它的质量指标，如负载调整率、噪声电压等。

二、单相整流电路

（一）单相半波整流电路

图 5.3 所示为由一个二极管构成的单相半波整流电路。

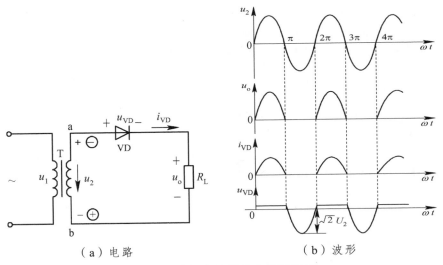

（a）电路　　　　　（b）波形

图 5.3　单相半波整流电路及波形

上述电路经过半波整流后，输出电压、电流的平均值为：

$$U_o = 0.45U_2 \qquad (5.4)$$

$$I_o = 0.45U_2/R_L \qquad (5.5)$$

式中：U_2——变压器二次侧电压的有效值。

（二）单相桥式全波整流电路

单相桥式全波整流电路如图 5.4 所示，其电压、电流波形如图 5.5 所示。

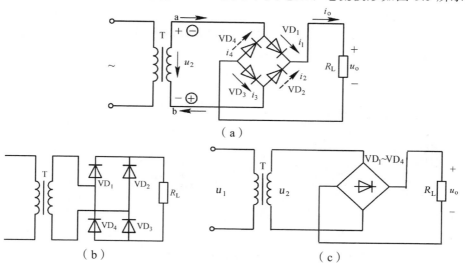

（a）

（b）　　　　　　　　　　（c）

图 5.4　单相桥式整流电路（三种画法）

经上述桥式电路整流后，输出电压、电流的平均值为：

$$U_o = 0.9U_2 \qquad (5.6)$$

$$I_o = 0.9\frac{U_2}{R_L} \qquad (5.7)$$

在整流电路中，因为二极管 VD_1、VD_3 和 VD_2、VD_4 在电源电压变化一个周期内是轮流导通的，所以流过每个二极管的电流都等于负载电流的一半，即：

$$I_{VD} = \frac{1}{2}I_o = 0.45\frac{U_2}{R_L} \qquad (5.8)$$

每个二极管在截止时承受的反向峰值电压为：

$$U_{RM} = \sqrt{2}U_2 \qquad (5.9)$$

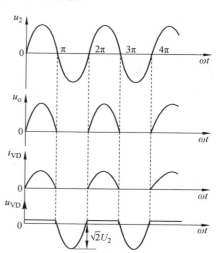

**图 5.5　单相桥式整流电路的
电压与电流波形**

三、滤波电路

整流电路输出的直流电压脉动较大，仅适用于对直流电压要求不高的场合，如电镀、电解等设备中。而有些设备，如电子仪器、自动控制装置等，则要求直流电压非常稳定。为了获得平滑的直流电压，可采用滤波电路，滤除脉动直流电压中的交流成分。滤波电路常由电容和电感组成。

（一）电容滤波电路

1. 电路组成及工作原理

图5.6（a）所示为单相桥式整流电容滤波电路，它由电容 C 和负载电阻 R_L 并联组成。

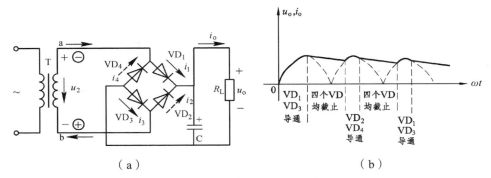

（a）　　　　　　　　　　　　（b）

图 5.6　单相桥式整流电容滤波电路及输出波形

图5.6（a）所示电路的工作原理如下：

① 当 u_2 正半周开始时，若 $u_2 > u_C$（电容两端电压），整流二极管 VD_1、VD_3 因正向偏置而导通，VD_2、VD_4 因反向偏置而截止，电容 C 被充电，由于充电回路电阻很小，因而充电很快，u_C 和 u_2 变化同步。当 $\omega t = \pi / 2$ 时，u_2 达到峰值，C 两端的电压也近似充至 $\sqrt{2}U_2$ 值。

② 当 u_2 由峰值开始下降，使得 $u_2 < u_C$ 时，四个二极管均截止，电容 C 向 R_L 放电，由于放电时间常数很大，故放电速度很慢。当 u_2 进入负半周的开始阶段，u_2 的绝对值仍小于 u_C，四个二极管仍处于截止状态，电容 C 继续放电，输出电压也逐渐下降。

③ 当 u_2 负半周的绝对值增加时，若增大到 $|u_2| > u_C$，二极管 VD_2、VD_4 导通，VD_1、VD_3 截止，电容又再次充电，当 $\omega t = 3\pi / 2$ 时，u_2 负半周达到峰值，C 两端的电压又充至 $\sqrt{2}U_2$ 值。

④ 当 u_2 的第二个周期的正半周到来时，C 仍在放电，直到 $u_2 > u_C$ 时，

整流二极管 VD_1、VD_3 又因正偏而导通，VD_2、VD_4 因反偏而截止，电容 C 再次被充电，这样不断重复第一个周期的过程，就得到图 5.6（b）所示的负载上的电压、电流波形。

由输出电压波形可见，加滤波电容后二极管的导通角变小了，但输出电压变得平滑了，而且 R_LC 越大，放电越缓慢，输出电压越平滑。

2. 负载上直流电压的计算

经过滤波后，通过分析计算，负载上的直流电压为：

$$U_o \approx 1.2U_2 \tag{5.10}$$

3. 元件选择

① 电容的选择。从以上分析可知，输出电压的大小取决于电容器放电的快慢，放电越慢，输出电压就越大，即放电回路的时间常数 $\tau = R_LC$ 的值越大,输出电压的脉动就越小,通常取 R_LC 为脉动电压中最低次谐波周期的 3 ~ 5 倍，所以，滤波电容 C 的大小选择取决于：

$$R_LC \geqslant (3 \sim 5)\frac{T}{2}$$

即

$$C \geqslant (3 \sim 5)\frac{T}{2R_L} \tag{5.11}$$

式中：T——交流电源电压的周期。

在实际使用中也可以根据负载电流的大小来选取滤波电容的容值，见表 5.1。

表 5.1　负载电流与滤波电容的对应关系

输出电流 / A	2 左右	1 左右	0.5 ~ 1	0.1 ~ 0.5	0.05 ~ 0.1	0.05 以下
电容 / μF	4 000	2 000	1 000	500	200 ~ 500	200

此外，对滤波电容器的耐压值一般取 $(1.5 \sim 2)U_2$。

② 整流二极管的选择。最大整流电流为：

$$I_F > I_{VD} = \frac{1}{2}I_o$$

最高反向工作电压为：

$$U_{RM} \geqslant \sqrt{2}U_2$$

二极管就根据 I_F 和 U_{RM} 参数来进行选型。

4. 电容滤波电路的特点

电容滤波电路结构简单、输出电压高、脉动小。但在接通电源的瞬间，会产生强大的充电电流，这种电流称为"浪涌电流"；另外，如果负载电流太大，电容器放电的速度会加快，这使得负载电压变得不够平稳，所以电容滤波电路只适用于负载电流较小的场合。

（二）电感滤波电路

整流线圈 L 和负载的串联电路，同样具有滤波作用，如图 5.7 所示。

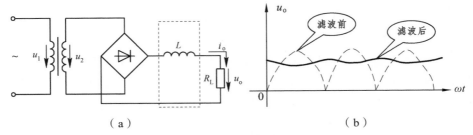

（a）　　　　　　　　　　　　　　　　（b）

图 5.7　桥式整流电感滤波电路及波形

整流滤波输出的电压，可以看成由直流分量和交流分量叠加而成。在图 5.7（a）所示电路中因电感线圈的直流电阻很小，交流电抗很大，故直流分量顺利通过，交流分量几乎全部降到电感线圈上，这样在负载 R_L 上就得到比较平滑的直流电压。

电感滤波电路输出的直流电压与变压器次级电压的有效值 U_2 之间的关系为：

$$U_o = 0.9U_2 \tag{5.12}$$

电感线圈的电感量越大，负载电阻越小，滤波效果越好，因此，电感滤波器适用于负载电流较大的场合。其缺点是电感量大、体积大、成本高。

（三）复式滤波电路

为了进一步减小输出电压中的脉动成分，可以将串联电感和并联电容组成复式滤波电路。

以上介绍的滤波电路的特点和使用场合归纳在表 5.2 中，可供选用参考。

表 5.2　常用的几种滤波电路

形式	电路	优点	缺点	使用场合
电容滤波	C　R_L	① 输出电压高 ② 在小电流时滤波效果较好	① 带负载能力差 ② 电源接通瞬间因充电电流很大，整流管要承受很大的正向浪涌电流	适用于负载电流较小的场合

续表

形式	电路	优点	缺点	使用场合
电感滤波	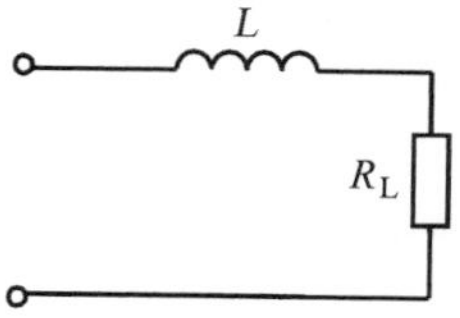	① 带负载能力较强 ② 对变动的负载滤波效果较好 ③ 整流管不会受到浪涌电流伤害	① 负载电流大时扼流线圈铁芯要很大才能有较好的滤波作用 ② 输出电压较低 ③ 变动的电流在电感上产生的反电势可能会击穿半导体器件	适用于负载变动大、负载电流大的场合。在可控整流电路中用得较多
Γ形滤波	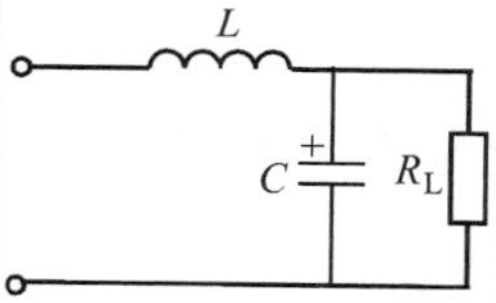	① 输出电流较大 ② 带负载能力较强 ③ 滤波效果好	电感线圈体积大、成本高	适用于负载变动大、负载电流较大的场合
Π形LC滤波	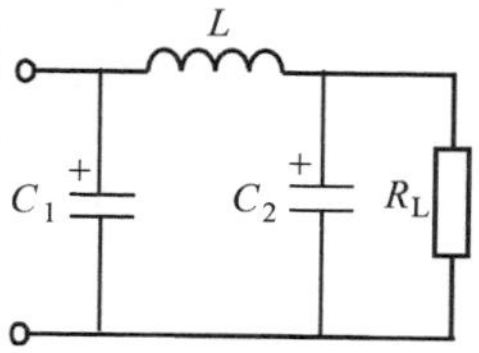	① 输出电压高 ② 滤波效果好	① 输出电流较小 ② 带负载能力差	适用于负载电流较小、要求稳定的场合
Π形RC滤波	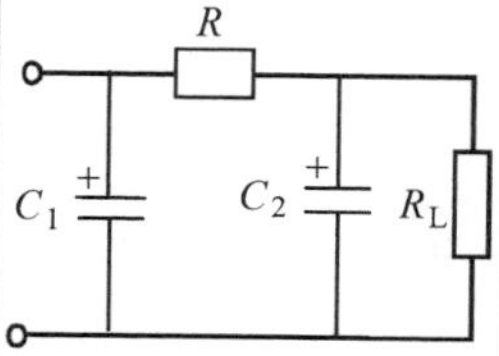	① 滤波效果较好 ② 结构简单经济 ③ 兼有降压限流作用	① 输出电流较小 ② 带负载能力差	适用于负载电流小的场合

🦾 实践操作

一、目的

1. 掌握整流滤波电路设计的方法和元件的选用。
2. 熟练掌握整流滤波电路的装配技能。
3. 熟悉整流滤波电路的测试方法。

二、器材

设计参考电路如图 5.8 所示。

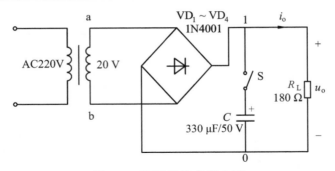

图 5.8　整流滤波参考电路

三、操作步骤

（一）设计整流滤波电路

本项目要求设计的整流滤波电路，其输出的直流电压为 18 V，电流为 100 mA。下面选择整流二极管和滤波电容。

1. 整流二极管的选择

通过每个二极管的平均电流为：

$$I_{VD} = \frac{1}{2}I_o = \frac{1}{2} \times 100 = 50 \quad (mA) \tag{5.13}$$

变压器次级电压的有效值为：

$$U_2 = \frac{1}{1.2}U_o = \frac{1}{1.2} \times 18 = 15 \quad (V) \tag{5.14}$$

二极管最高反向工作电压为：

$$U_{RM} = \sqrt{2}U_2 = 21 \quad (V) \tag{5.15}$$

查手册，1N4001 或 2CZ52A 的参数可以满足要求。

2. 滤波电容的选择

电容器容量应满足：

$$C \geqslant \frac{5T}{2R_L} = \frac{5 \times 0.02}{2 \times (18 \div 0.1)} \approx 278 \quad (\mu F) \tag{5.16}$$

电容器的耐压为：

$$(1.5 \sim 2)U_2 = (1.5 \sim 2) \times 15 = 22.5 \sim 30 \quad (V) \tag{5.17}$$

因而确定选用 330μF/50V 的电解电容。

（二）元器件的检测与筛选

根据设计电路、组装和测试要求选择测试仪器仪表和配套的电子元器件及材料。

（三）电路的搭接与测试

在设计电路的基础上组装或搭接电路。

进行电路的测试，要求：测试整流滤波电路的输入电压波形和大小、整流后的输出电压波形和大小及滤波后的输出电压波形和大小，并进行比较以说明整流滤波电路的作用，并与理论计算值进行比较。

课外练习

一、填空题

1. 直流稳压电源一般由＿＿＿＿＿、＿＿＿＿＿ 、＿＿＿＿＿ 和 ＿＿＿＿＿ 组成。

2. 稳压电源的技术指标包含＿＿＿＿＿＿＿、＿＿＿＿＿＿＿和＿＿＿＿＿＿＿。

3. 在直流稳压电源的性能指标中，稳压系数是指＿＿＿＿＿＿＿＿＿＿不变时，输出电压随＿＿＿＿＿＿变化的大小反映；而输出电阻是＿＿＿＿＿＿＿＿＿不变时，输出电压随＿＿＿＿＿变化的大小反映。

二、判断题

1. 直流电源是一种能量转换电路，它将交流能量转换为直流能量。

　　　　　　　　　　　　　　　　　　　　　　　　　　　　（　　　）

2. 直流稳压电源的输出电压在任何情况下都是绝对不变的。　（　　　）

3. 在变压器二次侧电压和负载电阻相同的情况下，桥式整流电路的输出电流是半波整流电路输出电流的 2 倍。　　　　　　　　　　　（　　　）

4. 若 U_2 为电源变压器二次侧电压的有效值，则半波整流电容滤波电路和全波整流电容滤波电路在负载上的输出电压均为 $1.2U_2$。　　　（　　　）

三、选择题

1. 整流滤波得到的电压在负载变化时，是（　　　　）的。

　　A. 稳定　　　　　　　　B. 不稳定　　　　　　　C. 不一定

2. 整流的目的是（　　　　）。

　　A. 将交流变为直流　　　B. 将高频变为低频　　　C. 将正弦波变为方波

3. 直流稳压电源的主要性能指标是（　　　　）。

　　A. 输出电压与电流　　　B. 稳压系数、输出电阻、纹波电压

　　C. 外观尺寸大小

4. 在单相桥式整流电路中，若有一只整流管接反，则（　　　　）。

　　A. 输出电压变为 $2U_o$　B. 变为半波整流

　　C. 整流管将因电流过大而烧坏

5. 在直流稳压电源电路中，滤波电路的目的是（　　　　）。

　　A. 交流变直流　　　　　B. 高频变低频

　　C. 将交、直流混合量中的交流成分滤掉

基础训练 2　直流电源中稳压电路的分析与测试

相关知识

一、并联型稳压电路

（一）并联型稳压电路的组成

前面我们学习过稳压二极管，当稳压二极管工作在反向击穿区时具有稳压的特性，利用这种特性，将稳压二极管并联在整流滤波后的负载上就可以得到较稳定的输出电压，这种稳压电路也称为并联型稳压电路。

图 5.9 所示是由硅稳压管组成的稳压电路，其中 R 起限流作用，负载电阻 R_L 与稳压二极管 VD_Z 并联，利用稳压二极管的稳压作用使输出电压稳定。

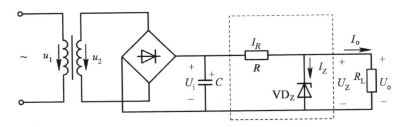

图 5.9　稳压管组成的稳压电路

（二）并联型稳压电路的设计

由于稳压电路是由稳压二极管和限流电阻组成的，因此，稳压管稳压电路的设计重点是：输入电压的选定、稳压二极管的选取、限流电阻 R 的确定。

1. 输入电压 U_i 的确定

考虑电网电压的变化，输入电压 U_i 一般可在下列范围内选择：

$$U_i = (2 \sim 3)U_o \tag{5.18}$$

2. 稳压二极管的选取

稳压二极管的参数可按下式选取：

$$\left. \begin{array}{l} U_Z = U_o \\ I_{Zmax} = (2 \sim 3)I_{omax} \end{array} \right\} \tag{5.19}$$

3. 限流电阻 R 的确定

要使稳压二极管起稳压作用，稳压二极管必须工作在反向击穿区，其工作电流应在其最小电流 I_{Zmin} 和最大电流 I_{Zmax} 之间。若其工作电流小于最小电流 I_{Zmin}，稳压二极管将进入截止区不起稳压作用；若其工作电流大于最大电

流 I_{Zmax}，稳压二极管会因过热而被损坏。当电网电压最高（U_i 上升 10%）、负载电流最小（为零）时，稳压二极管上的电流 I_Z 最大，但不允许超过稳压管最大允许电流 I_{Zmax}，即：

$$\frac{U_{imax} - U_o}{R} < I_{Zmax}$$

所以

$$R > \frac{U_{imax} - U_o}{I_{Zmax}} \tag{5.20}$$

当电网电压最低（U_i 下降 10%）、负载电流最大时，稳压二极管上的电流 I_Z 最小，但 I_Z 不允许小于稳压管的最小值 I_{Zmin}，即：

$$\frac{U_{imin} - U_o}{R} > I_{Zmin} + I_{omax}$$

所以

$$R < \frac{U_{imin} - U_o}{I_{Zmin} + I_{omax}} \tag{5.21}$$

故限流电阻的选择应按下式确定：

$$\frac{U_{imin} - U_o}{I_{Zmin} + I_{omax}} > R > \frac{U_{imax} - U_o}{I_{Zmax}} \tag{5.22}$$

因为电网电压一般允许波动 ± 10%，因此，式（5.22）中的 $U_{imax} = 1.1U_i$，$U_{imin} = 0.9U_i$。

限流电阻的额定功率为：

$$P_R \geqslant \frac{(U_{imax} - U_o)^2}{R} \tag{5.23}$$

稳压二极管并联型稳压电路的结构简单，但稳压二极管在稳压范围内允许电流有一定范围的变化，输出电阻较大，稳压精度也不高，且输出电压不能调节，效率也较低，故这种稳压电路通常用在电压不需要调节，输出电流、稳压要求不高的场合。

例 5.1　设计一个采用桥式整流、电容滤波的稳压管并联型稳压电源，具体参数指标为：输出电压 $U_o = 6\ \text{V}$，负载电阻 R_L 的范围为 1 kΩ ~ ∞，电网电压波动范围为 ± 10%。

解

① 电路如图 5.9 所示，先确定输入电压，即：

$$U_i = (2 \sim 3)\,U_o = (2 \sim 3) \times 6 = 12 \sim 18 \quad (\text{V})$$

选取 16 V，则变压器二次侧电压的有效值取：

$$U_2 = \frac{16}{1.2} = 13 \quad (\text{V})$$

② 选定稳压二极管的型号：

$$U_Z = U_o = 6 \quad (\text{V})$$

$$I_{VZM} = (2 \sim 3)I_{o\,max} = (2 \sim 3) \times \frac{6}{1} = 12 \sim 18 \quad (\text{mA})$$

查手册，选 2CW54 型稳压管，其 $U_Z = 5.5\ \text{V} \sim 6.5\ \text{V}$，$I_Z = 10\ \text{mA}$，$R_Z < 300\ \Omega$，$I_{VZM} = 38\ \text{mA}$。

也可选 IN753 型稳压管，其 $U_Z = 5.77\ \text{V} \sim 6.12\ \text{V}$，$R_Z \leqslant 8\ \Omega$。

③ 限流电阻 R 的确定。由式（5.22）得：

$$\frac{16 \times 0.9 - 6}{10 + 6} \geqslant R \geqslant \frac{1.1 \times 16 - 6}{38}$$

即　　　　　　　　$0.31\ \text{k}\Omega \leqslant R \leqslant 0.53\ \text{k}\Omega$

取系列标称电阻值 $R = 470\ \Omega$。

限流电阻的功率为：

$$P_R \geqslant \frac{(U_{imax} - U_o)^2}{R} = \frac{(1.1 \times 16 - 6)^2}{470} = 0.286 \quad (\text{W})$$

选用 470 Ω 金属膜电阻器（额定功率 0.5 W），即型号为 RJ470 Ω/0.5 W 的电阻。

二、串联型直流稳压电路

所谓串联型直流稳压电路，就是在输入直流电压 U_i 与负载 R_L 之间串入一个三极管，当 U_i 或 R_L 波动引起输出电压 U_o 变化时，U_o 的变化将反馈到三极管的输入电压 U_{BE}，然后，U_{CE} 也随之改变，从而调整 U_o，以保持输出电压基本稳定。由于三极管工作在线性放大区，且与负载串联，故又称为串联型线性稳压电路。

（一）串联型直流稳压电路的组成

图 5.10（a）所示为串联型线性稳压电路。图中，R_3、R_4、R_5 组成取样电路，当输出电压变化时，取样电阻将其变化量的一部分送到比较放大管的基极，基极电压能反映输出电压的变化，称为取样电压。取样电阻不宜太大，也不宜太小；若太大，控制灵敏度下降；若太小，带负载能力减弱。

R_2、VD_Z 构成基准电路，给 VT_2 的发射极提供一个基准电压，R_2 为限流电阻，保证 VD_Z 有一个合适的工作电流。

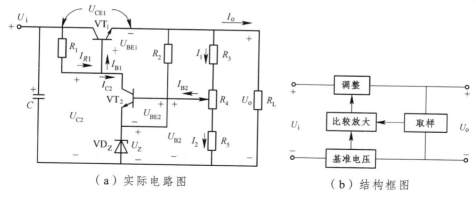

（a）实际电路图　　　　　　　　（b）结构框图

图 5.10　串联型线性稳压电路

VT$_2$ 是比较放大管，R_1 既是 VT$_2$ 的集电极负载电阻，又是 VT$_1$ 的基极偏置电阻，比较放大管的作用是将输出电压的变化量先放大，然后加到调整管的基极，控制调整管工作，提高了控制的灵敏度和输出电压的稳定性。

VT$_1$ 是调整管，它与负载串联，故称此电路为串联型线性稳压电路，调整管 VT$_1$ 受比较放大管的控制，工作在放大状态，集-射间相当于一个可变电阻，用来抵消输出电压的波动。

（二）串联型直流稳压电路的工作原理

① 当负载 R_L 不变，输入电压 U_i 减小时，输出电压 U_o 有下降趋势，通过取样电阻的分压使比较放大管 VT$_2$ 的基极电位 U_{B2} 下降，而 VT$_2$ 的发射极电压不变（$U_{E2} = U_Z$），因此 U_{BE2} 也下降，于是 VT$_2$ 的导通能力减弱，U_{C2} 升高，调整管 VT$_1$ 的导通能力增强，VT$_1$ 的集-射之间的电阻 R_{CE1} 减小，管压降 U_{CE1} 下降，使输出电压 U_o 上升，保证了 U_o 基本不变。

上述稳压过程表示如下：

$U_i \downarrow \rightarrow U_o \downarrow$（下降趋势）$\rightarrow U_{B2} \downarrow \rightarrow U_{BE2} \downarrow \rightarrow U_{C2} \uparrow (U_{B1} \uparrow) \rightarrow R_{CE1} \downarrow \rightarrow U_{CE1} \downarrow \rightarrow U_o \uparrow$

当输入电压增大时，稳压过程与上述相反。

② 当输入电压不变，负载 R_L 增大时，输出电压 U_o 有增长趋势，则电路将产生下列调整过程：

$R_L \uparrow \rightarrow U_o \uparrow \rightarrow U_{BE2} \uparrow \rightarrow U_{C2} \downarrow (U_{B1} \downarrow) \rightarrow R_{CE1} \uparrow \rightarrow U_{CE1} \uparrow \rightarrow U_o \downarrow$

当负载 R_L 减小时，稳压过程与上述相反。

由此看出，稳压的过程实质上是通过负反馈使输出电压维持稳定的过程。

串联型稳压电路的输出电压可由 R_4 进行调节：

$$U_{\text{o}} = U_Z \frac{R_3 + R_5 + R_4}{R_5 + R_4'} = U_Z \frac{R}{R_5 + R_4'} \qquad (5.24)$$

式中，$R = R_3 + R_5 + R_4$，R_4' 是 R_4 的下半部分阻值。

三、三端集成稳压器

在线性稳压电路的基础上，在输入端增加启动电路，再增加调整管的保护电路，并把它们集成在一块硅片上就构成集成稳压电路。由于集成稳压电路通常对外只有三个端口，所以又称为三端集成稳压器。

集成稳压器的种类很多，按输出电压是否可调分为固定式和可调式；按输出电压的正、负极性可分为正稳压器和负稳压器；按引出端子可分为三端稳压器和多端稳压器。下面介绍几种常用的三端集成稳压器。

（一）三端固定式集成稳压器

1. 外形及管脚排列

三端固定式集成稳压器的外形和管脚排列如图 5.11 所示。由于它只有输入、输出和公共地三个端子，故称为三端稳压器。

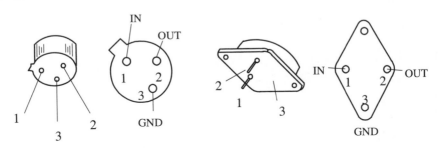

（a）78 系列金属壳封装

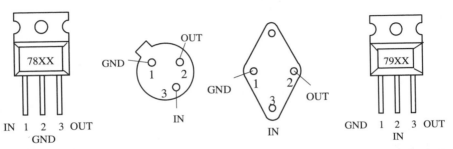

（b）78 系列塑料封装　　（c）79 系列金属壳封装　　（d）79 系列塑料封装

图 5.11　三端固定式集成稳压器的外形及管脚排列

2. 型号组成及意义

三端固定式集成稳压器的型号组成及其意义见图 5.12。

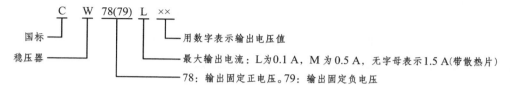

图 5.12　三端固定式集成稳压器的型号组成及意义

国产的三端固定集成稳压器有 CW78×× 系列（正电压输出）和 CW79×× 系列（负电压输出），其输出电压有 ±5 V、±6 V、±8 V、±9 V、±12 V、±15 V、±18 V、±24 V，最大输出电流有 0.1 A、0.5 A、1 A、1.5 A、2.0 A 等。

3. 三端固定式集成稳压器的应用

在实际应用中，可根据所需输出电压、电流，选用符合要求的 CW78×× 或 CW79×× 系列产品。

① 固定输出稳压器。例如，某电路需要工作电流为 0.7 A、工作电压为 12 V 的电源，可选 CW7812，它的输出电压为 12 V，输出电流可达 1.5 A，最大输入电压允许为 36 V，最小输入电压允许为 14 V。电路组成如图 5.13 所示。图中，C_1 为滤波电容；C_2 的作用是滤除高频干扰信号，一般取为 0.33 μF；C_3 的作用是改善负载瞬态响应，一般取为 0.1 μF。

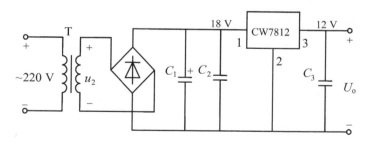

图 5.13　+12 V 稳压电源的电路图

对于图 5.13 所示电路，请问 10 V 的电压经稳压电路后能稳到 12 V 吗？答案是否定的。要使输出电压稳定到 12 V，稳压电路的输入电压一般至少要比输出电压高出（2~5）V 才能起到稳压作用。

② 用于提高输出电压。如果需要输出电压高于三端稳压器的输出电压时，可采用图 5.14 所示电路。

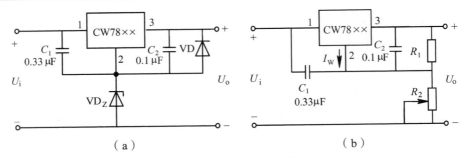

图 5.14　提高输出电压的电路图

对于图 5.14（a），有：

$$U_o = U_{\times\times} + U_Z \qquad (5.25)$$

式中，$U_{\times\times}$ 为集成稳压器的输出电压；U_Z 为稳压管的稳压值。

对于图 5.14（b），有：

$$U_o = U_{\times\times}\left(1 + \frac{R_2}{R_1}\right) + I_W R_2$$

式中，I_W 为三端稳压器的静态电流，一般为几毫安。

若流过 R_1 的电流 I_{R_1} 大于 $5I_W$，可以忽略 $I_W R_2$ 的影响，则有：

$$U_o \approx U_{\times\times}\left(1 + \frac{R_2}{R_1}\right) \qquad (5.26)$$

③ 具有正、负电压输出的稳压电源。如图 5.15 所示，由图可知，电源变压器带有中心抽头并接地，输出端得到大小相等、极性相反的电压。

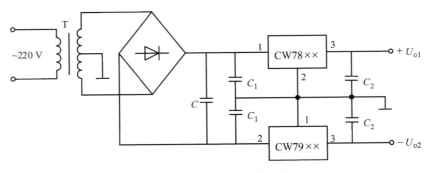

图 5.15　正负对称的稳压电路

（二）三端可调集成稳压器

为了得到可调输出电压值，在 CW78×× 系列和 CW79×× 系列三端固定式稳压器的基础上，现已研制生产出输出电压连续可调的三端稳压器。按输出电压分为正电压输出稳压器 CW317（CW117、CW127）和负电压输出稳压器 CW337（CW137）两大类。按输出电流的大小，每个系列又分为 L 型、M 型等。其型号由五部分组成，其意义如图 5.16 所示。

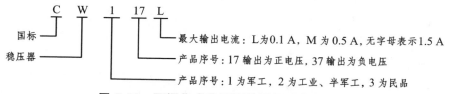

图 5.16　可调集成稳压器的型号组成及意义

三端可调集成稳压器 CW317 和 CW337 是一种悬浮式串联调整稳压器，它们的管脚排列如图 5.17 所示，典型应用电路如图 5.18 所示。

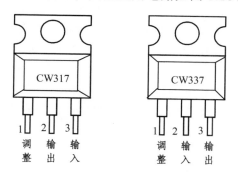

图 5.17　CW317 和 CW337 的管脚排列

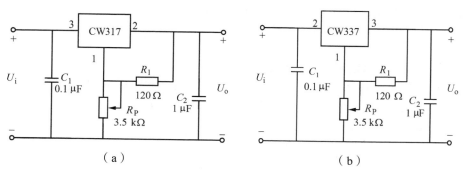

图 5.18　CW317 和 CW137 的典型应用电路

为了使电路正常工作，一般输出电流不小于 5 mA。输入电压范围在 2 V ~ 40 V 之间，输出电压可在 1.25 V ~ 37 V 之间调整，负载电流可达 1.5 A，由于调整端的输出电流非常小（50 μA）且恒定，故可将其忽略，那么输出电压可用下式表示：

$$U_{\mathrm{o}} \approx \left(1 + \frac{R_{\mathrm{P}}}{R_{1}}\right) \times 1.25 \quad (\mathrm{V}) \tag{5.27}$$

式中，1.25 V 是集成稳压器输出端与调整端之间的固定参考电压 U_{REF}；R_1 一般取值为 120 Ω ~ 240 Ω（此值保证稳压器在空载时也能正常工作），调节 R_{P} 可改变输出电压的大小（R_{P} 取值视 R_{L} 和输出电压的大小而确定）。

（三）三端集成稳压器的使用注意事项

① 三端集成稳压器的输入、输出和接地端绝对不能接错，否则容易烧坏。

② 一般三端集成稳压器的最小输入、输出电压差约为 2 V，否则不能输出稳定的电压；一般应使电压差保持在 2 V ~ 5 V，即经变压器变压、二极管整流、电容器滤波后的电压应比稳压值高一些。

③ 在实际应用中，应在三端集成稳压电路上安装足够大的散热器（小功率的条件下可不用）。因为当稳压器温度过高时，稳压性能将变差，甚至损坏。

④ 当实际中需要输出 1.5 A 以上电流的稳压电源时，可采用多块三端稳压电路并联起来，使其最大输出电流为 N 个 1.5 A。但并联的集成稳压器应采用同一厂家、同一批号的产品，以保证参数的一致性。也可选用大电流的三端稳压器，如 LM350K（最大电流 3 A）、LM337K（最大电流 5 A）、LM396K（最大电流 10 A）等。

🐝 实践操作

一、目的

学会三端集成稳压器的使用及稳压电路的测试。

二、器材

1. 万用表、调压器、示波器等。

2. 配套电子器件及材料：本项目基础训练 1 中"实践操作"所完成的整流滤波电路板、0.33 μF / 50 V 和 0.1 μF / 50 V 电容器以及 CW7818 三端集成稳压器。

3. 搭接、测试电路如图 5.19 所示。

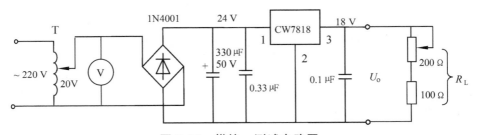

图 5.19　搭接、测试电路图

三、操作步骤

1. 将本项目基础训练 1 中"实践操作"所完成的整流滤波电路板接好电源，测量输出电压；然后在输出端按图 5.19 接入 0.33 μF 电容、三端集成稳压器 CW7818、0.1 μF 的电容，输出端接 200 Ω 的可调电阻（滑线电阻器）和 100 Ω 的固定电阻。

2. 进行电路的测试，使输出端的可调电阻处于中间位置不变，改变整流滤波的输入电压，使其在 ± 10% 范围内波动，即输入电压分别为 22 V 和 18 V，分别测试对应的输出电压，看输入电压变化时输出电压稳定的情况；在保持输入电压 20 V 不变的情况下，通过改变可调电阻改变输出负载，观察输出电压的稳定情况。将测试数据记录于表 5.3 中。

表 5.3　测试记录表

R_L / Ω	U_i / V	U_o / V	$\Delta U_o / V$	说　明
$R_L = 200\ \Omega$ 不变	22V			
	18V			
100 Ω	$U_i = 20$ V 不变			
200 Ω				

📖 课外练习

一、填空题

1. 稳压电路是利用电路内部的＿＿＿＿＿＿功能，使输出电压基本保持＿＿＿＿＿＿。

2. 稳压管实现稳压时，还必须选用合适的＿＿＿＿＿，起电压调整作用，该元件应当与负载＿＿＿＿连接，稳压管则与负载＿＿＿＿连接。这种稳压电路适用于负载电流＿＿＿＿、输出电压＿＿＿＿＿的电子设备中。

3. 三端稳压器 CW7805 的输出电压为＿＿＿＿；三端稳压器 CW7912 的输出电压为＿＿＿＿＿。

二、选择题

1. 稳压二极管工作在（　　　）时，两端可以得到稳压管的稳定电压。

　　A. 放大区　　　　B. 截止区　　　　C. 反向击穿区　　　　D. 饱和区

2. 稳压电路就是当电网电压波动、负载和温度发生变化时，使输出电压（　　　）的电路。

　　A. 恒定　　　　B. 基本不变　　　　C. 发生变化　　　　D. 可调

3. 集成稳压电路 W79L05 表示（ ）。

    A. 5 V 正电压，最大电流 0.1 A   B. 5 V 负电压，最大电流 0.1 A

    C. 9 V 正电压，最大电流 5 A   D. 9 V 负电压，最大电流 5 A

4. 三端稳压器输出负电压并可调的是（ ）。

    A. CW79×× 系列   B. CW317 系列

    C. CW337 系列   D. CW78×× 系列

三、分析题

电路如图 5.20 所示，已知电流 $I_W = 5$ mA，试求输出电压 $U_o = ?$

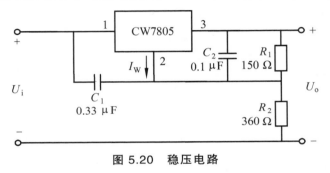

图 5.20　稳压电路

基础训练 3　开关型直流稳压电源的分析与制作

相关知识

一、开关型稳压电源概述

（一）开关型稳压电源的原理及结构

前面讲述的串联型线性集成稳压器有很多优点，使用也很广泛；但由于其中调整管工作在线性放大区，管压降比较大，同时要通过全部负载电流，所以管耗大，电源效率低，一般为 40%~60%。特别是在输入电压升高、负载电流很大时，管耗会更大，不但电源效率很低，同时使调整管的工作可靠性降低。

而开关型稳压电源中的调整管工作在开关状态，依靠调节调整管的导通时间来实现稳压。由于调整管主要工作在截止和饱和两种状态，管耗很小，故使稳压电源的效率明显提高，可达 70%~90%，而且这一效率几乎不受输入电压大小的影响，即开关型稳压电源有很宽的稳压范围。由于效率高，使得其体积小、重量轻。开关型稳压电源的主要缺点是输出电压中含有较大的纹波；但由于优点显著，故开关型稳压电源发展非常迅速，目前广泛用于计算机、通信、自动控制系统设备中。

开关型稳压电路的结构框图如图 5.21 所示。

开关型稳压电路由六部分组成，其中，取样电路、比较放大电路、基准电路，在组成及功能上与普通的串联型稳压电路相同；不同的是增加了开关控制器、开关调整管和续流滤波等电路。新增部分功能如下：

① 开关调整管。在开关脉冲的作用下，使调整管工作在饱和或截止状态，输出断续的脉冲电压 U_{SO}，如图 5.22 所示。开关调整管一般采用大功率管。

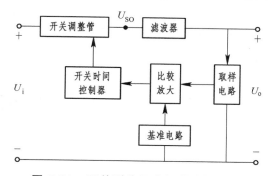

图 5.21　开关型稳压电源的结构框图　　　　图 5.22　脉冲电压 U_{SO} 的波形

设开关调整管的导通时间为 T_{on}，断开时间为 T_{off}，则工作周期为 $T = T_{on} + T_{off}$。负载上得到的电压为：

$$U_o = \frac{U_i \times T_{on} + 0 \times T_{off}}{T_{on} + T_{off}} = \frac{T_{on}}{T} \times U_i = DU_i \tag{5.28}$$

式中，T_{on}/T 称为占空比，用 D 表示，即在一个通断周期 T 内，脉冲持续导通时间 T_{on} 与周期 T 之比。改变占空比的大小就可改变输出电压 U_o 的大小。

② 滤波器：把矩形脉冲变成连续的平滑直流电压 U_o。

③ 开关时间控制器：控制开关管导通时间长短，从而改变输出电压大小。

开关稳压电源有多种形式：按负载与储能电感的连接方式划分，有串联型和并联型；按不同的控制方式划分，有固定频率调宽型和固定脉宽调频型；按不同激励方式划分，有自激式和它激式。下面仅介绍串联型开关稳压电路。

（二）串联型开关稳压电路的工作原理

串联型开关稳压电路如图 5.23 所示。

串联型开关稳压电路由开关管 VT、储能电路（包括电感 L、电容 C 和续流二极管 VD）及控制器组成。控制器可使 VT 处于开/关状态并可稳定输出电压。当 VT 饱和导通时，由于电感 L 的存在，流过 VT 的电流线性增加，线性增加的电流给负载 R_L 供电的同时也给 L 储能（L 上产生左"正"右"负"

的感应电动势），VD 截止。

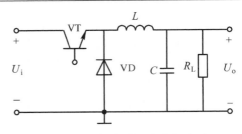

图 5.23　串联型开关稳压电路

　　当 VT 截止时，由于电感 L 中的电流不能突变（L 中产生左"负"右"正"的感应电动势），VD 导通，于是储存在电感上的能量逐渐释放并提供给负载，使负载继续有电流通过，因而 VD 为续流二极管。电容 C 起滤波作用，当电感 L 中的电流增长或减少时，电容储存过剩电荷或补充负载中缺少的电荷，从而减少输出电压 U_o 的纹波。

二、集成开关稳压器及其应用

　　随着电子技术的发展，开关型稳压电路也向集成化方向发展。这里以 CW4960/4962 和 CW2575/2576 系列集成开关稳压器为例，介绍集成稳压器的结构特点及其应用。

（一）CW4960/4962

　　CW4960/4962 已将控制电路、开关功率管集成在芯片内部，所以构成电路时，只需少量外围元件。最大输入电压为 50 V，输出电压范围为 5.1 V ~ 40 V 连续可调，变换效率为 90%。脉冲占空比也可以在 0 ~ 100% 内调整。该器件具有慢启动、过热保护功能。工作频率高达 100 kHz。CW4960 的额定电流为 2.5 A，过流保护电流为 3 A ~ 4.5 A，只需用很小的散热片，它采用单列 7 脚封装形式，如图 5.24（a）所示。CW4962 的额定电流为 1.5 A，过流保护电流为 2.5 A ~ 3.5 A，不用散热片，它采用双列直插式 16 脚封装，如图 5.24（b）所示。

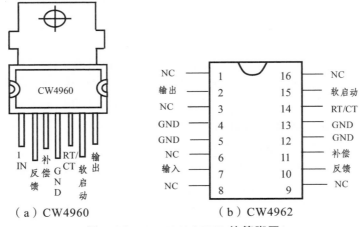

（a）CW4960　　　　　（b）CW4962

图 5.24　CW4960/4962 的管脚图

　　CW4960 / CW4962 的内部电路完全相同，主要由基准电压源、误差放大器、脉冲宽度调制器、功率开关管以及软启动电路、输出过流限制电路、芯片过热保护电路等组成。

　　CW4962 / CW4960 的典型应用电路如图 5.25 所示（有括号的为 CW4960 的管脚标号），它为串联型开关稳压电路。

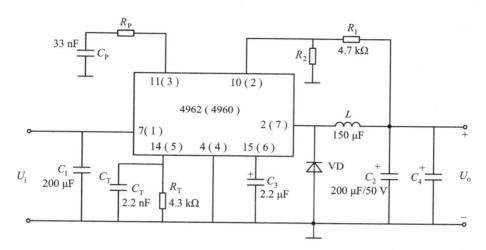

图 5.25　CW4960 / 4962 的典型应用电路

　　输入端所接电容 C_1 可以减小输出纹波，R_1、R_2 为取样电阻，输出电压为：

$$U_o = 5.1 \times \frac{R_1 + R_2}{R_2} \tag{5.29}$$

　　R_1、R_2 的取值范围为 $500\ \Omega \sim 10\ k\Omega$。

　　R_T、C_T 用来决定开关电源的工作频率 $f = 1/R_T C_T$，一般 $R_T = 1\ k\Omega \sim 27\ k\Omega$，$C_T = 1\ nF \sim 3.3\ nF$。图 5.25 所示电路的工作频率为 106 kHz，R_P、C_P 为频率补偿电路，用来防止寄生振荡。VD 为续流二极管，采用 4A / 50V 的肖特基或快速恢复二极管。C_3 为软启动电容，一般 $C_3 = 1\ \mu F \sim 4.7\ \mu F$。

（二）CW2575 / 2576

　　CW2575 / 2576 是串联开关稳压器，输出电压分为固定 3.3 V、5 V、12 V、15 V 和可调五种，由型号的后缀两位数字标称，CW2575 的额定输出电流为 1 A，CW2576 的额定输出电流达 3 A。两种系列芯片的内部结构相同，除含有调整管、启动电路、输入欠压锁定控制和保护电路等外，固定输出稳压管还含有取样电路。

　　CW2575 / 2576 采用集成稳压器，其特点是：外部元件少，使用方便；振荡器的频率固定在 52 kHz，因而滤波电容不大，滤波电路体积小；占空比 D 可达 97%，从而使电压和电流调整率更理想；转换效率可达 75% ~ 77%，且一般不需要散热器。

　　CW2574 / 2576 采用单列直插式塑料封装，其外形及管脚排列如图 5.26 所示，两种系列芯片的管脚含义相同。其中，5 脚在稳压器正常工作时应接地，它可由 TTL 高电平关闭而处于低功耗备用状态。4 脚一般与应用电路的输出端相连，在可调输出时与取样电路相连，此引脚提供的参考电压 U_{REF} 为 1.23 V。芯片工作时要求输出电压值不得超过输入电压。

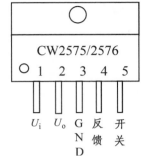

图 5.26　CW2575 / 2576 的外形及管脚图

　　这两种系列芯片的应用电路相同，现以 CW2575 为例加以说明。

　　图 5.27（a）所示为 CW2575 固定输出典型应用电路，由芯片型号可知：U_o = 5 V。

　　图 5.27（b）所示为 CW2575-ADJ 可调输出典型应用电路，其输出电压取决于取样电压及基准电压，即：

$$U_o = \left(1 + \frac{R_1}{R_2}\right)U_{REF} \qquad\qquad (5.30)$$

式中，U_{REF} = 1.23 V。

　　因芯片的工作频率较高，图 5.27 所示的两个电路中的续流二极管最好选用肖特基二极管。为了保证直流电源工作的稳定性，电路的输入端必须加一个至少 100 μF 的旁路电解电容 C_1。

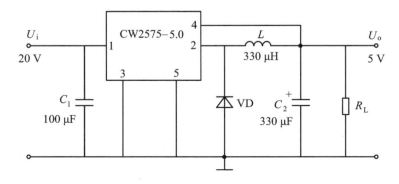

（a）固定输出

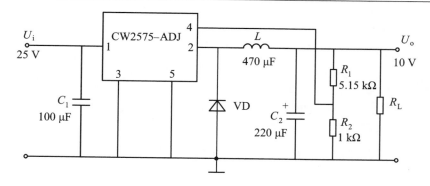

（b）可调输出

图 5.27　CW2575 典型应用电路

（三）使用集成开关稳压器应注意的问题

由集成开关稳压器构成开关稳压电源时，为了尽可能提高效率，使用中应注意以下一些问题：

1. 工作频率的确定

开关频率的选择对开关稳压电源的性能影响很大，频率升高，所需要的滤波电感 L 和电容 C 数值减小，可减小体积和重量，降低成本。但开关频率升高，使开关调整管单位时间内的转换次数增加，功耗增大，电源的效率降低，通常开关频率大于 20 kHz。

2. 电路元器件的选择

开关调整管应选取饱和压降 $U_{CE(sat)}$ 及穿透电流 I_{CEO} 很小的功率管，要求开关的延时、上升、存储以及下降时间应尽可能小，一般可选用 $f_T \geqslant 10\beta f$ 的高频功率管（f 为工作频率）。

续流二极管应选用正向压降小、反向电流小以及存储时间短的开关二极管，一般选用肖特基二极管。

滤波电感应选用高频特性好、抗磁饱和的磁环来绕制，应具有足够的电感量且直流损耗小，不发生磁饱和。

滤波电容应采用高频电感效应小的高频电解电容，或采用多个高频特性好的小电容并联使用。

3. 结构上的考虑

主回路连线尽可能短和粗一些，以减小电阻损耗及减小分布参数的影响。接地要良好，设计印制电路板时，共地面积尽可能大，控制电路应被共地面积所包围。信号接线与功率地线应分开，并在输出一点接地。电感线圈应用铜箔屏蔽。

🦾 实践操作

一、目的

1. 熟悉并组装串联开关型稳压电源，了解其工作原理。
2. 掌握串联开关型稳压电源的装配与调试方法。
3. 熟悉串联开关型电源的特点。

二、器材

1. 常用电子组装工具。
2. 万用表、调压器、示波器。
3. 装配电路见图 5.28，配套电子元件及材料见表 5.4。

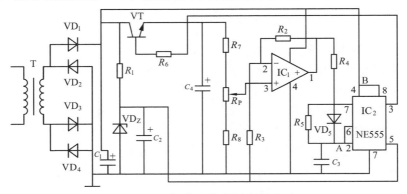

图 5.28　串联开关稳压电源电路

表 5.4　配套元件及材料明细表

代　号	名　　称	规　　格	代　号	名　　称	规　　格
R_1	碳膜电阻	2 kΩ / 0.25 W	C_1	电解电容器	220 μF / 25 V
R_2	碳膜电阻	10 kΩ / 0.25 W	C_2	电解电容器	10 μF / 16 V
R_3	碳膜电阻	1 kΩ / 0.25 W	C_3	涤纶电容器	220 nF / 63 V
R_4	碳膜电阻	1 kΩ / 0.25 W	C_4	电解电容器	220 μF / 16 V
R_5	碳膜电阻	10 kΩ / 0.25 W	IC_1	集成运算放大器	LM358
R_6	碳膜电阻	2.2 kΩ / 0.25 W	IC_2	集成电路	NE555
R_7	碳膜电阻	6.8 kΩ / 0.25 W	T	电源变压器	AC220 V / 15 V
R_8	碳膜电阻	2.7 kΩ / 0.25 W	8Pin 集成电路插座　　2 块		
R_P	多圈电位器	5 kΩ	ϕ 0.8 mm 镀锡铜丝若干		
$VD_1 \sim VD_4$	整流二极管	1N4001	焊料、助焊剂、绝缘胶布若干		
VD_Z	稳压二极管	3 V	万能电路板 1 块		
VD_5	开关二极管	1N4148	紧固件 M4×15　4 套；多股软导线　400 mm		
VT	三极管	9013	电源线及插头若干		

图 5.28 所示电路为脉冲宽度调制式串联开关型稳压电源。电路主要由电压调整管 VT，取样电路 R_7、R_{P1}、R_8，同相比较放大器 IC_1、R_2、R_3，矩形脉冲发生器 IC_2、R_4、C_3、R_5、VD_5 等组成。

三、操作步骤

1. 分析给定电路的电路组成和基本工作原理。

2. 按给定电路图组装电路：按给定电路进行正确的布线和安装。安装完毕后应认真检查电路中各器件有无接错、漏接和接触不良之处。

3. 调节和测试电路指标：整理出调整测试的内容与步骤、测试电路、数据记录表格等。

4. 写出电路的工作原理、电路组装工艺及流程、调试测试报告。

课外练习

一、简答题

1. 开关型稳压电源有哪些主要优点？为什么它的效率比线性稳压电源高？

2. 开关稳压电源主要由哪几部分组成？各组成部分的作用是什么？

二、　分析题

串联型开关稳压电路的原理图如图 5.29 所示，图中，VT 为调整管，VD 为续流二极管，L 为滤波电感，C 为滤波电容，R_1、R_2 为取样电阻，控制电路输出脉冲信号。试分析它的稳压工作原理。

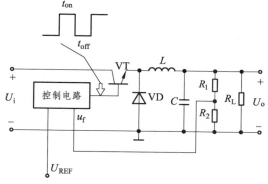

图 5.29　串联型开关稳压电路

任务实施　制作线性直流稳压电源

一、信息搜集

1. 能满足任务要求的线性直流稳压电源电路的信息。

2. 电路所选择器件的参数、功能、使用说明等信息。

3. 装配电路所需的材料、工具、仪器等信息。

4. 装配电路的工艺流程和工艺标准。

5. 线性直流电源性能测试方法的有关信息。

二、实施方案

1. 进行线性直流稳压电源电路的设计，包括电路形式的选择、单元电路的设计等。

2. 确定电路装配所需的工具、元器件、材料等。

3. 确定装配电路的工艺流程。

4. 确定电路测试的仪器仪表及测试方法、步骤。

5. 制订任务进度。

三、工作计划与步骤

（一）线性直流电源电路的设计

1. 电路形式的选择

直流稳压电源电路包含四部分，即变压、整流、滤波、稳压电路，设计时应根据实际任务要求选择相应的电路形式，从电路简单、性能要求易实现、经济等方面考虑。

根据任务要求，本任务要求设计的直流稳压电源电路最好选用三端可调型集成稳压器，如采用 CW317 集成稳压器来构成稳压电路，四个二极管桥式整流后再用电容滤波，前面加变压器降压。

2. 单元电路的设计、元器件的选择

① 集成稳压器的选择：

三端集成稳压器选择的依据是输出电压、负载电流、电压调整率、输出电阻等性能指标，查阅集成电路手册来进行选择，有固定输出和可调输出两大类。本任务电路中选择 CW317 集成稳压器即可。

② 稳压输入电压的确定：

稳压器的输入电压就是整流滤波电路的输出电压。U_i 太低则稳压器性能会受影响，甚至不能正常工作；U_i 太高则稳压器功耗增大，会导致电源效率下降。所以 U_i 的选择原则是：在满足稳压器正常工作的前提下，U_i 越小越好，但 U_i 最低必须保证输入、输出电压之差大于 2 V ~ 3 V。一般稳压器输入、输出的差值为 2 V ~ 10 V，考虑输入电网电压有 10% 的波动和纹波电压，输入电压的最小值应满足以下关系：

$$U_{i\,\min} = U_{o\,\max} + (U_i - U_o)_{\min} + U_{RIP} + \Delta U \tag{5.31}$$

$$U_i - U_o = 2 \sim 10 \ (V) \tag{5.32}$$

$$U_{RIP} = 10\% \left[U_o + (U_i - U_o) \right] \tag{5.33}$$

$$\Delta U = 10\% U_{RIP} + U_{RIP} \tag{5.34}$$

式中：U_{RIP}——电网电压的 10% 波动值；

　　　ΔU——纹波电压。

③ 整流管及滤波电容的选择：

对于桥式整流电路，二极管承受的最大反向电压为 $\sqrt{2}U_2$，故选择二极管最高反向工作电压 U_{RM} 为：

$$U_{RM} \geqslant \sqrt{2}U_2 \tag{5.35}$$

通过二极管的平均电流为 $I_o / 2$。考虑到电容充电时的瞬时电流较大，一般选择二极管最大整流电流 I_F 为：

$$I_F = (2 \sim 3) I_o / 2 \tag{5.36}$$

根据 U_{RM} 和 I_F 就可合理选择二极管，也可据此选用整流桥。

从滤波效果来看，滤波电容 C 的容量取得大些则滤波效果好，但太大将使电源体积增大，成本提高，通常按下式选择滤波电容器的容量：

$$C \geqslant (3 \sim 5) T / 2R_L \tag{5.37}$$

式中：T——交流电压的周期，$T = 0.02 \ s$；

　　　R_L——整流滤波电路的负载，$R_L \approx U_i / I_o$。

电容器承受的最大峰值电压为 $\sqrt{2}U_2$，考虑到交流电源电压的波动，滤波电容器的耐压常取 $(1.5 \sim 2) U_2$。由于滤波电容的容量较大，通常选用电解电容器。

④ 电源变压器的选择：

变压器的二次侧电压有效值 U_2 应根据整流滤波后的输出电压，也就是稳压器的输入电压来确定，经桥式整流电容滤波后，一般二次侧电压 U_2 取：

$$U_2 \geqslant U_{i\,\min} / 1.2 \tag{5.38}$$

这样可确定变压器的匝比为：

$$n = \frac{N_1}{N_2} = \frac{220}{U_2} \tag{5.39}$$

加上滤波电容器后，变压器二次侧电流已不再是正弦波，而且对电容充电时的瞬时电流较大，因此二次侧电流有效值一般按下式计算：

$$I_2 = (1.1 \sim 3) I_o \tag{5.40}$$

根据以上对电路形式的选择、单元电路的设计和元器件的选择，本任务设计的参考电路如图 5.30 所示。

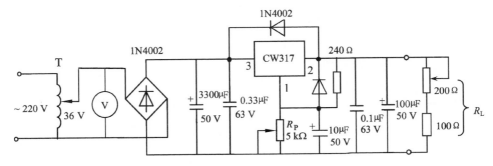

图 5.30 设计电源参考电路图

（二）线性直流电源电路的装配

① 按设计电路购置元器件，并对元器件进行检测。

② 画出设计原理图对应的装配布局图。

③ 进行电路的焊接、检测。

电路焊接与装配时应注意：

· 电阻器、二极管采用水平安装方式，电阻体贴紧电路板，电阻色环方向应一致，二极管的标志方向应正确。

· 三端集成稳压器采用直立式安装，管子的底面离电路板（6±2）mm。电容器采用直立式安装，管子的底面离电路板不大于 4 mm。

· CW317 三端集成稳压器应先用螺钉固定在散热片上，再焊接在万能电路板上。

· 微调电位器应贴紧电路板垂直安装，不能歪斜。

· 在未通电的情况下，用万用表电阻测量法对装配好的电路板进行检测。

（三）直流稳压电源的调试方法

通电前应检查安装的电路，确认无误后方可通电调试。

直流电源的调试一般分三步进行，即空载检查测试、加载检查测试和质量指标测试。

1. 空载检查测试

在直流稳压电源输出端开路的情况下，用万用表分别测试输出电压、集成稳压器的输入电压、变压器二次侧电压（交流挡），看是否符合设计值，并检查稳压器输入、输出端的电压差值，其值应大于最小电压差。如果测试值不正常，则应逐一进行检查，并设法消除故障。测试结果记录于表 5.5 中。

表 5.5　空载测试记录表

变压器二次侧电压 / V	整流滤波电压 / V	电路输出电压 / V	稳压器输入、输出电压差值 / V	结　　论

2. 加载检查测试

上述检查符合要求后，说明稳压电路工作基本正常，此时可接上额定负载 R_L 并调节输出电压，使其为额定值（固定输出稳压器不需要调节），测量输出电压、稳压器输入电压、变压器二次侧电压的大小，观察其是否符合设计值（此时稳压器输入电压、变压器二次侧电压应比空载测量值略小），并根据输出电压值、稳压器输入电压值及负载电流核算集成稳压器的功耗是否小于规定值，然后用示波器观察整流滤波后以及稳压后的纹波电压，若纹波电压过大，应检查滤波电容是否接好、容量是否偏小或电解电容是否已失效，此外，还可检查桥式整流电路四只二极管特性是否一致，如有干扰或自激振荡（其频率与 50 Hz、100 Hz 不同），应设法消除。将测试结果记录于表 5.6 中。

表 5.6　加载测试记录表

变压器二次侧电压 / V	整流滤波电压 / V	电路输出电压 / V	电压调节范围 / V	负载电流 / A

3. 质量指标测试

测试电路如图 5.31 所示。

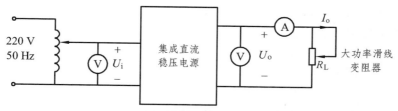

图 5.31　稳压电源质量指标测试电路

① 稳压系数 γ 的测量：为了调节交流输入电压，直流稳压电源输入端可接入一个自耦变压器，调节自耦变压器使 U_i 等于 220 V，并调节直流稳压电源及负载 R_L 使 I_o、U_o 为额定值，然后调节自耦变压器，分别使 U_i 为 242 V

（增加 10%）、197 V（减小 10%），并测出两者对应的输出电压 U_o，即可求得变化量 ΔU_o，并代入公式 $\gamma = \Delta U_o / U_o \times 100\%$，即得 γ 值。

② 输出电阻 r_o 的测量：使 U_i 为 220 V 并保持不变，分别测量负载电流为零和额定值时的输出电压，将对应的输出电压变化量 ΔU_o 和负载电流的变化量 ΔI_o 代入公式 $r_o = \Delta U_o / \Delta I_o \times 100\%$，即得 r_o 值。

③ 纹波电压的测量：使 U_i 为 220 V 并保持不变，在额定输出电压、额定输出电流的情况下，用示波器测出纹波电压的峰值。

将上述测试结果记录于表 5.7 中。

表 5.7　直流电源性能测试记录表

稳压系数测试		输出电阻测试			
测试条件：R_L 不变		测试条件：U_i 不变			
$U_i = 242$ V 时的 U_o / V	$U_i = 197$ V 时的 U_o / V	$R_L = \infty$，即空载时		$R_L = 200\ \Omega$，即额定负载时	
		U_o / V	I_o / A	U_o / V	I_o / A
$\gamma = \Delta U_o / U_o \times 100\% =$		$r_o = \Delta U / \Delta I_o \times 100\% =$			

四、验收评估

电路装配、测试完成后，按以下标准验收评估。

（一）设计

① 电路结构形式选择合理、可行。

② 单元电路设计合理，单元电路参数计算正确，元器件的选型经济、合理。

③ 能正确绘制设计的电路原理图，电路符号、标注符合标准。

④ 能正确分析电路原理。

（二）装配

① 布局合理、紧凑。

② 导线横平竖直，转角呈直角，无交叉。

③ 元件间连接与电路原理图一致。

④ 电阻器、二极管水平安装，紧贴电路板。

⑤ 微调电位器、电容器垂直安装，高度符合工艺要求且平整、对称。

⑥ 三端集成稳压器采用直立式安装，并加装散热片，高度符合工艺要求。

⑦ 按图装配，元件的位置、极性正确。

⑧ 焊点光亮、清洁，焊料适量。布线平直。

⑨　无漏焊、虚焊、假焊、搭焊、溅焊等现象。

⑩　焊接后元件引脚留头长度小于 1 mm。

（三）调试与测试

①　关键点电位正常。

②　直流输出电压 1.25 V ~ 30 V 连续可调。

③　用示波器观察规定点的波形正常。

（四）故障排除

①　能正确观察出故障现象。

②　能够正确分析故障原因，判断故障范围。

③　检修思路清晰，方法运用得当。

④　检修结果正确。

⑤　正确使用仪表。

（五）安全、文明生产

①　安全用电，不人为损坏元器件、加工件和设备等。

②　保持实验环境整洁，操作习惯良好。

③　认真、诚信地工作，能较好地和小组成员交流、协作完成工作。

五、资料归档

在任务完成后，需编写技术文档。技术文档中需包含：工作任务及要求，电路设计步骤，电路原理图及原理分析，电路元器件选择及材料清单，通用电路板上的电路布局图，电路装配的工艺流程说明，电路调整测试内容与步骤，数据记录，测试结果的整理分析，总结。

技术文档必须按国家标准对其进行标准化，经相关人员审核后存入技术档案室进行统一管理。

思考与提高

1. 在设计的图 5.21 所示电路中，如果要求输出电压在 0 ~ 30 V 内可调的话，电路结构应如何改动才能实现，试画出电路原理图并加以说明。

2. 能实现本任务要求的电路不止一个，可以采用固定式三端集成稳压器，也可以采用晶体管串联，试分别画出由它们构成的直流稳压电源的原理图，并比较这两种电路的优越性。

3. 如果想扩大输出电流到 3 A，可以通过哪些方法实现？

学习项目 6
台灯调光电路的分析与制作

📐 项目描述

　　生活中在不同的场合对灯光照明的亮度有不同的要求。常见的台灯就有很多能够调整亮度，在娱乐场所更需要灯光亮度能够明、暗变化。利用晶闸管的可控特性能方便地实现调光功能。图 6.1 所示为利用晶闸管实现的台灯调光电路原理图。在本学习项目里通过对此台灯调光电路的分析与制作，让同学们熟悉和掌握晶闸管的特性及其应用。

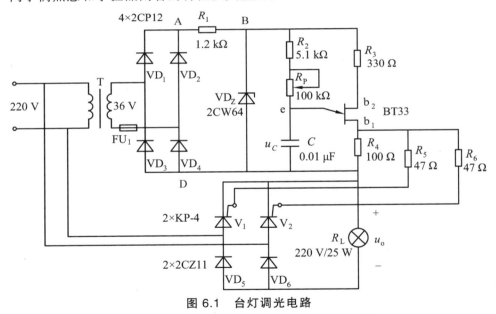

图 6.1　台灯调光电路

📢 项目要求

一、工作任务

　　1. 认识电路组成，确定实际电路元器件，记录元器件的规格、型号，并查阅元器件的主要参数指标。

2. 分析电路的工作原理。

3. 进行电路的装配与测试，要求装配的电路能实现对台灯的调光。

4. 以小组为单位汇报分析与制作台灯调光电路的思路、过程。

5. 完成产品技术文档的编制及整理。

二、学习产出

1. 装配好的电路板。

2. 技术文档（包括：产品的功能说明，产品的电路原理图及原理分析，元器件及材料清单，通用电路板上的电路布局图，电路装配的工艺流程说明，测试结果分析，总结）。

学习目标

1. 掌握晶闸管、单结晶体管的识别与测试方法，熟悉它们的结构与特性，能根据需要选择它们。

2. 理解晶闸管可控整流、单结晶体管触发电路的工作原理，能利用万用表和示波器测试和分析它们。

3. 掌握调光电路的装配、调试、测试与检修操作技能。

4. 具有安全生产意识，了解事故预防措施。

5. 能与他人合作、交流，完成电路的分析、组装与测试等任务，具有解决工程实际问题的能力。

基础训练 1 晶闸管及单相可控整流电路的分析

相关知识

一、晶闸管的外形、结构及工作条件

（一）晶闸管的外形和结构

晶闸管也称可控硅（简称 SCR），它是一种大功率元件，具有耐压高、容量大、效率高、控制灵活等优点。晶闸管具有单向导电的整流作用，可将交流变换为直流，还能控制直流电的大小，达到调压的目的；利用双向可控硅还可实现交流调压。正因为如此，晶闸管广泛应用于调光电路和调压电路中，除此之外，利用晶闸管的特性，还可以实现直流变交流的逆变、变频等功能。

晶闸管从外形上分，主要有平板式、螺栓式、塑封式等几种，见图 6.2，

它们都有三个电极，阳极 a（或 A）、阴极 k（或 K）及控制极 g（或 G）。螺栓式晶闸管的阳极是个螺栓，使用时把它紧拧在散热器上；另一端有两根引线，其中较粗的一根是阴极，较细的一根是控制极。平板式晶闸管的中间金属环是控制极，上面是阴极，区分的方法是阴极距离控制极较近，使用时，由相互绝缘的两个散热器将其夹固在中间，其散热效果比螺栓式好。一般 200 A 以上的晶闸管多采用平板式。晶闸管的电路符号见图 6.2（d），符号常用 SCR、V 表示，本教材用 V 表示。

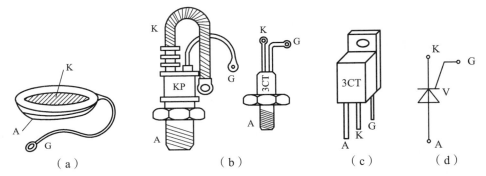

（a）　　　　　　　（b）　　　　　　　（c）　　　　　　（d）

图 6.2　晶闸管的外形和符号

　　单向晶闸管的内部结构如图 6.3（a）所示。它是由 PNPN 四层半导体构成，中间形成三个 PN 结 J_1、J_2、J_3，引出三个电极，分别是阳极、阴极、控制极；可以分成两部分，如图 6.3（b）所示，形成一对互补复合的三极管，其等效电路如图 6.3（c）所示。

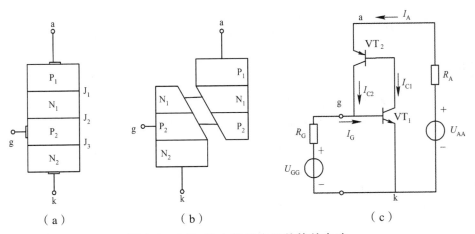

（a）　　　　　　　（b）　　　　　　　（c）

图 6.3　SCR 的内部结构及其等效电路

（二）晶闸管的导通和关断条件

为了理解晶闸管的导通和关断条件，我们先来做实验演示。

演示电路如图 6.4 所示。在阳极与阴极之间通过灯泡接电源 U_{AA}，控制极与阴极之间通过电阻 R 及开关 S 接控制极电源 U_{GG}。

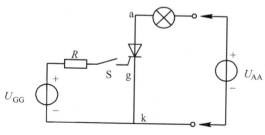

图 6.4　单向晶闸管演示电路

操作过程及现象如下：

① 如图 6.5（a）所示，S 断开，$U_{GG} = 0$，U_{AA} 为正向，灯泡不亮，称为正向阻断。

② 如图 6.5（b）所示，S 断开，$U_{GG} = 0$，U_{AA} 为反向，灯泡不亮。

③ 如图 6.5（c）所示，S 合上，U_{GG} 为正向，U_{AA} 为反向，灯泡不亮，称为反向阻断。

④ 如图 6.5（d）所示，S 合上，U_{GG} 为正向，U_{AA} 为正向，灯泡亮，称为触发导通。

⑤ 如图 6.5（e），在④的基础上，断开 S，灯泡仍亮，称为维持导通。

⑥ 如图 6.5（f）所示，在⑤的基础上，逐渐减小 U_{AA}，灯泡亮度变暗，直到熄灭。

⑦ 如图 6.5（g）所示，U_{GG} 反向，U_{AA} 正向，灯泡不亮，称为反向触发。

⑧ 如图 6.5（h）所示，U_{GG} 反向，U_{AA} 反向，灯泡仍不亮。

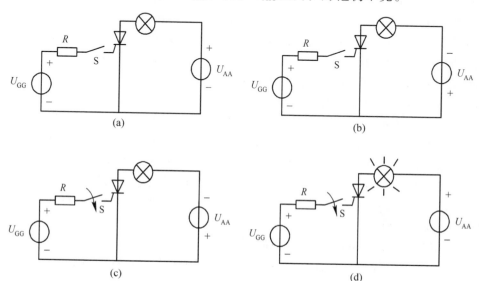

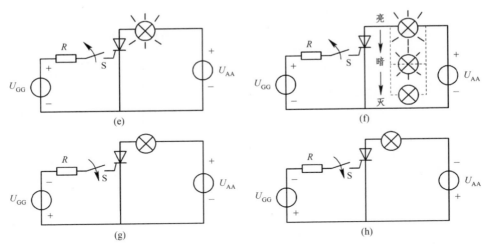

图 6.5　晶闸管工作示意图

由上述过程可知：

① 如果在晶闸管控制极不加电压，无论在阳极与阴极之间加何种极性的电压，管子内的三个 PN 结中，至少有一个是反偏的，因而阳极没有电流产生，当然就出现图 6.5（a）、（b）所示灯泡不亮的情况。

② 如果在晶闸管 a、k 之间接入正向阳极电压 U_{AA} 后，在控制极加入正向控制电压 U_{GG}，VT_1 管基极便产生输入电流 I_G，经 VT_1 管放大，形成集电极电流 $I_{C1} = \beta_1 I_G$，I_{C1} 又是 VT_2 管的基极电流，同样经过 VT_2 的放大，产生集电极电流 $I_{C2} = \beta_1 \beta_2 I_G$，$I_{C2}$ 又作为 VT_1 的基极电流再进行放大，如此循环往复，形成正反馈过程，晶闸管的电流越来越大，内阻急剧下降，管压降减小，直至晶闸管完全导通，这时晶闸管 a、k 之间的正向压降约为 0.6 V ~ 1.2 V。因此流过晶闸管的电流 I_A 由外加电源 U_{AA} 和负载电阻 R_A 决定，即 $I_A \approx U_{AA} / R_A$。由于管内的正反馈，使管子导通过程极短，一般不超过几微秒，图 6.5（d）的演示就是证明。晶闸管一旦导通，控制极就不再起控制作用，不管 U_{GG} 存在与否，晶闸管仍将导通，如图 6.5（e）所示。

③ 若要导通的管子关断，则只有减小 U_{AA}，直至切断阳极电流，使之不能维持正反馈过程，如图 6.5（f）所示。在反向阳极电压的作用下，两只三极管均处于反向电压，不能放大输入信号，所以晶闸管不导通，灯泡不亮，如图 6.5（c）、（h）所示。

从以上的演示和分析可得出如下结论：

① 晶闸管导通的条件：有两个，即晶闸管阳极与阴极之间加正向电压；

控制极与阴极之间加正向触发电压。晶闸管从截止到导通后，控制极即失去作用。

② 晶闸管的关断条件：要使晶闸管从导通到关断，必须把正向阳极电压降到一定值，使阳极电流小于维持电流或使阳极电压反向。

二、晶闸管的型号及主要参数

（一）晶闸管的型号

国产晶闸管的型号有两种表示，即 KP 系列和 3CT 系列。

按晶闸管的额定通态平均电流，晶闸管分为 1、5、10、20、30、50、100、200、300、400、500、600、900、1 000（A）等 14 种规格。

额定电压在 1 000 V 以下的，每 100 V 为一级；额定电压在 1 000 V ~ 3 000 V 的，每 200 V 为一级，用百位数或用千位数和百位数的组合表示级数。

KP 系列表示参数的方式如图 6.6 所示。其通态平均电压分为 9 级，用 A ~ I 字母表示 0.4 V ~ 1.2 V 的范围，每隔 0.1 V 为一级。

例如，型号为 KP200-10D，表示 $I_F = 200$ A、$U_D = 1 000$ V、$U_F = 0.7$ V 的普通型晶闸管。

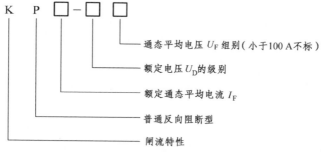

图 6.6 KP 系列的参数表示方式

3CT 系列表示参数的方式如图 6.7 所示。

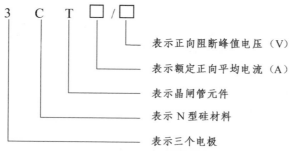

图 6.7 CT 系列的参数表示方式

（二）晶闸管的主要参数

1. 电压额定值

① 正向转折电压 U_{BO}：在额定结温（100 A 以上为 115 ℃，50 A 以下为 100 ℃）和控制极断开的条件下，阳极-阴极间加正弦半波正向电压，晶闸管由断态发生正向转折变成通态所对应的电压峰值。

② 正向阻断重复峰值电压 U_{VM}：允许重复加在晶闸管上的正向峰值电压，又称为正向阻断峰值电压，其值低于正向转折电压 U_{BO}。

③ 反向重复峰值电压 U_{RM}：在控制极开路、额定结温的条件下，允许重复加在器件上的反向峰值电压。

④ 通态平均电压 U_F：在规定条件下，晶闸管正向通过额定通态平均电流时，阳极与阴极两端压降的平均值，又称为管压降，一般在 0.4 V ~ 1.2 V 范围内。这个电压越小，晶闸管导通时的功耗就越小。

⑤ 额定电压 U_D：为了安全，使用中一般取额定电压为正常工作时峰值电压的（2 ~ 3）倍。

2. 电流额定值

① 额定正向平均电流 I_F：在规定的环境温度（ + 40 ℃）和标准散热条件下，允许通过电阻性负载单相工频正弦半波电流的平均值。为了在使用中不使管子过热，一般取 I_F 是正常工作平均电流的（1.5 ~ 2）倍。

② 维持电流 I_H：在室温和控制极开路的条件下，晶闸管被触发导通后维持导通所必需的最小电流。维持电流比较小的晶闸管，工作比较稳定。

3. 控制极额定值

① 控制极触发电压 U_G 和触发电流 I_G：在规定的环境温度和阳极与阴极间加一定的正向电压的条件下，使晶闸管从阻断状态转变为导通状态所需的最小控制极直流电压和最小控制极直流电流。控制电压小的晶闸管，灵敏度高，便于控制，一般 U_G 为 1 V ~ 5 V，I_G 为几毫安 ~ 几百毫安，为保证可靠触发，实际值应大于额定值。

② 控制极反向电压 U_{GR}：在规定结温条件下，控制极与阴极之间所能加的最大反向电压峰值，一般不超过 10 V。

除此之外，还有反映晶闸管动态性能的参数，如导通时间 t_{on}、关断时间 t_{off}、通态电流上升率 di / dt、断态电压上升率 du / dt 等。

三、双向晶闸管简介

双向晶闸管是在单向晶闸管的基础上发展起来的，它不仅能代替两只反极性并联的晶闸管，而且仅用一个触发电路，是目前比较理想的交流开关器件。

小功率双向晶闸管一般用塑料封装，有的还带小散热板，外形如图 6.8 所示。典型产品有 BCM1AM（1 A/600 V）、BCM3AM（3 A/600 V）、2N6075（4 A/600 V）、MAC218-10（8 A/800 V）等，双向晶闸管广泛用于工业、交通、家电领域，实现交流调压、交流调速、交流开关、舞台调光、台灯调光等多种功能。此外，还被用在固态继电器和固态接触器电路中。

双向晶闸管的结构如图 6.9（a）所示。它由 NPNPN 五层半导体构成，对外引出三个电极，分别是 T_1、T_2、G。因该器件可以双向导通，故控制极 G 以外的两个电极统称为主端子，用 T_1、T_2 表示，不再划分成阳极和阴极。其特点是：当 G 极和 T_2 极相对于 T_1 的电压均为正时，T_2 是阳极，T_1 是阴极；反之，当 G 极和 T_2 极相对于 T_1 的电压均为负时，T_1 变为阳极，T_2 变为阴极。双向晶闸管的电路符号如图 6.9（b）所示，文字符号常用 SCR、KS、V 等表示，本书用 V 表示。

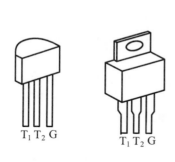

（a）BCM1AM　（b）BCM3AM

图 6.8　小功率双向晶闸管的外形

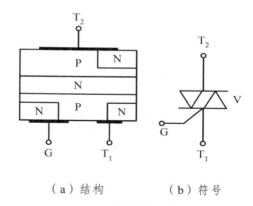

（a）结构　　　（b）符号

图 6.9　双向晶闸管的结构与符号

双向晶闸管只用一个控制极就可以控制它的正向导通和反向导通，也就是说，不管双向晶闸管的控制极电压极性如何，它都可能被触发导通，这个特点是普通晶闸管所没有的。

四、单相桥式可控整流电路

（一）阻性负载的单相桥式半控整流电路

将二极管整流电路中的两个二极管用两个晶闸管代替，就构成了半控桥式整流电路，如图 6.10（a）所示。

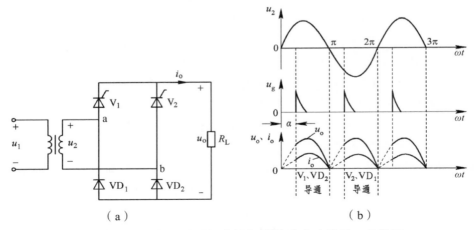

图 6.10　阻性负载的单相半控桥式整流电路及其工作波形

工作原理如下：

① 在 u_2 的正半周，a 端为正电压，b 端为负电压时，V_1 和 VD_2 承受正向电压，当 $\omega t = \alpha$ 时刻触发晶闸管 V_1 使之导通，其电流回路为：电源 a 端→V_1→R_L→VD_2→电源 b 端。若忽略 V_1、VD_2 的正向压降，输出电压 u_o 与 u_2 相等，极性为上正下负，这时 V_2、VD_1 均承受反向电压而阻断。电源电压 u_2 过零时，V_1 阻断，电流为零。

② 在 u_2 的负半周，a 点为负，b 点为正，V_2 和 VD_1 承受正向电压，当 $\omega t = \pi + \alpha$ 时触发 V_2 使之导通，其电流回路为：电源 b 端→V_2→R_L→VD_1→电源 a 端，负载电压大小和极性与 u_2 在正半周时相同，这时 V_1 和 VD_2 均承受反向电压而阻断。当 u_2 由负值过零时，VD_1 阻断，电流为零。

在 u_2 的第二个周期内，电路将重复第一个周期的变化，如此重复下去。设 $u_2 = \sqrt{2} U_2 \sin \omega t$ ，U_2 为有效值，输出电压、输出电流的波形如图 6.10（b）所示。

输出电压的平均值为：

$$U_o = \frac{1}{2\pi} \int_0^{2\pi} \sqrt{2} U_2 \sin \omega t \, d(\omega t) = \frac{1}{\pi} \int_\alpha^\pi \sqrt{2} U_2 \sin \omega t \, d(\omega t) = 0.9 U_2 \frac{1 + \cos \alpha}{2} \quad （6.1）$$

式中，α 为控制晶闸管导通的角，称为控制角，其变化范围为 0～π。

输出电流的平均值为：

$$I_o = \frac{U_o}{R_L} = 0.9 U_2 \frac{1 + \cos \alpha}{2 R_L} \quad （6.2）$$

由图 6.10（b）可以看出，晶闸管和二极管上所承受的最高正向电压和最高反向电压均为：

$$U_{VM} = U_{RM} = \sqrt{2} U_2 \quad （6.3）$$

流过晶闸管和二极管的平均电流等于负载电流的一半，即：

$$I_V = \frac{1}{2}I_o \qquad\qquad (6.4)$$

在选择晶闸管时，一般额定电压取峰值电压 U_{VM} 的（2~3）倍，额定电流取平均电流 I_F 的（1.5~2）倍。

（二）感性负载的单相桥式半控整流电路

从以上分析可知，流过负载上的电流是断续的，若负载为感性，在电源电压过零点时，由于电磁感应，使原来导通的晶闸管无法关断，影响整流器的工作，为了使电源电压过零点时能自然关断，一般在感性负载两端并联一个续流二极管，电路如图 6.11 所示。

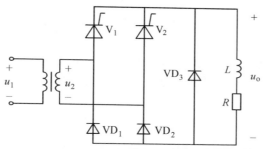

图 6.11　有续流二极管的感性负载半控桥式整流电路

其工作原理请读者自行分析。注意，续流二极管的极性不能接反，否则会造成短路。

例 6.1　在图 6.10 所示的单相桥式整流电路中，负载电阻为 20 Ω，交流电压 U_2 为 220 V，控制角 α 的调节范围为 30°~180°，求：

① 直流输出电压的可调范围；

② 晶闸管两端的最大反向电压；

③ 晶闸管承受的最大平均电流。

解

① $\alpha = 30°$ 时：

$$U_o = 0.9U_2 \frac{1+\cos\alpha}{2} = 0.9 \times 220 \times \frac{1+\cos 30°}{2} = 184 \quad (V)$$

$\alpha = 180°$ 时：

$$U_o = 0.9U_2 \frac{1+\cos\alpha}{2} = 0.9 \times 220 \times \frac{1+\cos 180°}{2} = 0 \quad (V)$$

所以，输出电压的可调范围为 0~184 V。

② 晶闸管的最大反向电压为：

$$U_{RM} = \sqrt{2}U_2 = 311 \quad (V)$$

③ 流过晶闸管的最大平均电流为：

$$I_V = \frac{1}{2}I_o = \frac{1}{2} \times \frac{183}{20} = 4.6 \quad (A)$$

例 6.2 某一纯电阻负载的设备，需要可调式的直流电源，直流电源输出电压 U_o 是 0 V ~ 90 V，输出电流 I_o 最大是 3 A。现采用单相 220 V 交流电源和单相半控桥式整流电路，并希望输出回路与电网隔离。试求交流电压的有效值并计算晶闸管电流、电压额定值，选择整流元件的型号规格。

解

① 由于采用 220 V 交流电源，并考虑隔离要求，需采用变压器，电路如图 6.10（a）所示。

设晶闸管控制角 $\alpha = 0°$ 时，输出电压 $U_o = 90$ V，输出电流 $I_o = 3$ A，由此得到变压器二次侧电压的有效值为：

$$U_2 = \frac{U_o}{0.9} \times \frac{2}{1 + \cos 0°} = \frac{90}{0.9} = 100 \quad (V)$$

考虑电网波动及效率等因素，选取 $U_2 = 120$ V。

② 晶闸管和二极管选择。晶闸管所承受的最高反向电压和二极管所承受的反向电压均为：

$$U_{RM} = \sqrt{2}U_2 = 1.41 \times 120 = 169 \quad (V)$$

晶闸管和二极管的平均电流为：

$$I_V = \frac{1}{2}I_o = \frac{1}{2} \times 3 = 1.5 \quad (A)$$

晶闸管的额定电流为：

$$I_F = 2I_V = 2 \times 1.5 = 3 \quad (A)$$

取标称值 5 A。

晶闸管的额定电压为：

$$U_D = 2U_{RM} = 2 \times 169 = 338 \quad (V)$$

取标称值 500 V。

故选用 KP5-5 型号的晶闸管和 IN5405 或 2CZ57Z 型号的二极管。

🏃 实践操作

一、目的

1. 识别常用晶闸管的种类。

2. 掌握检测单向晶闸管、双向晶闸管的方法。

二、器材

模拟式万用表，常用各种晶闸管。

三、操作步骤

（一）单向晶闸管的测试

1. 测量晶闸管的管脚

用模拟万用表 $R \times 1$（Ω）挡测量三个电极之间的正向、反向电阻，其中有两个电极呈 PN 结特性时，万用表对应的两个电极，一个是控制极，另一个是阴极；电阻值较小的一次，红表笔连接的是阴极，黑表笔连接的是控制极，余下的电极是阳极。

2. 测量晶闸管内部的 PN 结

晶闸管的内部有三个 PN 结，这三个 PN 结的好坏直接影响晶闸管的质量。所以使用晶闸管之前，应先对这三个 PN 结进行测试。

单相晶闸管控制极 g 和阴极 k 之间只有一个 PN 结，利用 PN 结的单相导电性，可以用万用表的电阻挡对它进行测量。万用表先置在 $R \times 100$（Ω）或 $R \times 10$（Ω）挡，用万用表红表笔接单向晶闸管的阴极，黑表笔接控制极，这时 PN 结属于正向连接，显示电阻应比较小；如果表针几乎不动，显示的电阻接近无穷大，说明这个 PN 结已经断路，晶闸管已损坏，不能使用。再把万用表的红、黑表笔交换，这时这个 PN 结属于反向连接，测出的电阻应较大。如果两次测量时表上的指针几乎都指向零，说明这个 PN 结已经击穿短路，不能使用。

单向晶闸管的阳极 a 与控制极 g 之间有两个 PN 结，它们反向串联在一起，因此把万用表置在 $R \times 10$ k 电阻挡后，无论是用红表笔接阳极、黑表笔接控制极，还是用红表笔接控制极、黑表笔接阳极，万用表上显示的电阻都应该很大（指针基本不动），否则说明单向晶闸管已经损坏。

3. 测量单向晶闸管的关断状态

晶闸管在反向连接时是不导通的；如果晶闸管正向连接，但没有控制电压，它也是不导通的。在这两种情况下，晶闸管中间没有电流流过，属于关断状态。把万用表置在 R×1k（或 R×10k）挡，黑表笔接晶闸管的阳极 a，红表笔接阴极 k，晶闸管属于正向连接，万用表上显示的电阻应很大，把两根表笔对换后，再分别接晶闸管的阳极和阴极，使晶闸管处于反向连接状态，万用表上显示的电阻仍然应该很大。

4. 测量晶闸管的触发能力

检查小功率晶闸管触发能力的电路如图 6.12 所示。万用表置于 R×1k（或 R×10k）挡。测量分两步进行：第一步，先断开开关 S，此时晶闸管尚未导通，测出的电阻值应是无穷大，然后合上开关，将控制极与阳极接通，使控制极电位升高，这相当于加上正触发信号，因此晶闸管导通，此时，其电阻值为几欧至几十欧；第二步，再把开关断开，若阻值不变，证明晶闸管质量良好。图中的开关可用一根导线代替，导线的一端固定在阳极上，另一端搭在控制极上时相当于开关闭合。本方法仅适用于检查

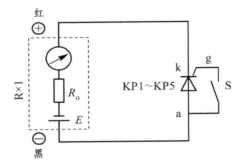

图 6.12　检查小功率晶闸管的触发能力

KP1～KP5 等小功率晶闸管或小功率快速晶闸管。

对于大功率晶闸管，因其通态压降较大，加之万用表 R×1k 挡提供的阳极电流低于维持电流 I_H，所以晶闸管不能完全导通，在开关断开时晶闸管会随之关断。此时，可采用双表法，把两只万用表的 R×1k 挡串联起来使用，得到 3 V 的电源电压，其具体检测步骤同小功率晶闸管。

（二）双向晶闸管的检测

1. 判断 T_2 极

在双向晶闸管中，G 极与 T_1 极靠近，距 T_2 极较远。因此，G、T_1 极之间的正、反向电阻很小。在用 R×1k 挡测量任意两管脚之间的电阻时，只有 G、T_1 极之间显示低阻，其正、反电阻仅为几十欧。而 T_2、G 极和 T_2、T_1 极之间的正、反电阻均为无穷大。这表明，如果测出某管脚和其它两管脚都不通，该管脚肯定是 T_2 极。

2. 区分 G 极与 T_1 极

找出 T_2 极之后，首先假定剩下的两个管脚中的某一管脚为 T_1 极，另一管脚为 G 极。测试两管脚之间的正、反电阻，读数相对较小的那次测量的黑表笔所接的管脚为 T_1 极，红表笔所接管脚为 G 极。

3. 测试触发能力

把黑表笔接 T_1 极，红表笔接 T_2 极，电阻为无穷大；接着用红表笔的笔尖把 T_2 与 G 短路并给 G 加上负触发信号，电阻值应为 10 Ω 左右［见图 6.13（a）］，证明管子已经导通，导通方向为 $T_1 \rightarrow T_2$；再将红表笔的笔尖与 G 极脱开（但仍接 T_2），如果临时性阻值保持不变，表明管子在触发之后能维持导通状态［见图 6.13（b）］。

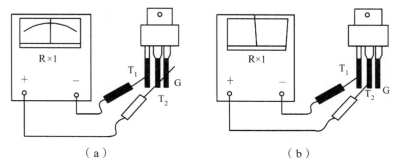

图 6.13　双向晶闸管触发能力测试

把红表笔接 T_1 极，黑表笔接 T_2 极，然后使 T_2 与 G 短路，给 G 极加上正触发信号，电阻值仍为 10 Ω 左右，与 G 极脱开后若阻值不变，则说明管子经触发后，在 $T_2 \rightarrow T_1$ 方向上也能维持导通状态，因此具有双向触发性质。

（三）操作检查

对一些常用的晶闸管进行识别和检测，将结果填入表 6.1 中。

表 6.1　检测结果记录表

序号	标志符号	万用表量程	管脚判别	质量判别	类别
1					
2					
3					
4					
5					
6					
7					
8					
9					
10					

📚 课外练习

一、填空题

1. 晶闸管由_____个半导体区、_____个 PN 结、_____个电极组成。

2. 晶闸管导通，必须在阳极和阴极间加_____ 电压，控制极与阴极之间加_____电压，导通后，_____极失去控制作用。

3. 导通的晶闸管，当增大负载电阻 R_L 使阳极电流小于_____时，晶闸管便由导通变为关断。

4. 在晶闸管单向可控整流电路中，改变晶闸管的_____ ，便可平滑地调节输出电压的大小。

5. 在具有电阻负载的单相可控整流电路中，晶闸管的导通角 θ 与控制角 α 的关系为_____。

6. 在单向晶闸管的测试中，若有一个电极对另一个电极呈 PN 结特性，则测试的两个电极应是晶闸管的_____极和_____极。若采用的是模拟万用表测试，其中测出电阻小的一次，黑表笔接触的是_____极。

二、判断题

1. 由于平板式晶闸管较螺栓式晶闸管的散热效果好，故目前 200 A 及以上的晶闸管都为平板式。　　　　　　　　　　　　　　　　　　　　（　　　）

2. 晶闸管导通后，去掉控制极的触发电压，管子就会由导通状态转为阻断状态。　　　　　　　　　　　　　　　　　　　　　　　　　　　　　（　　　）

3. 把处于导通状态的晶闸管的阳极断开，或使阳极电压反向时，晶闸管便会阻断。　　　　　　　　　　　　　　　　　　　　　　　　　　　（　　　）

4. 在感性负载的可控整流电路中，续流二极管接反，不会出现短路现象。　　　　　　　　　　　　　　　　　　　　　　　　　　　　　　　（　　　）

5. 在可控整流电路中，触发电路的触发脉冲必须与晶闸管的阳极电压同步，以保证阳极电压每个正半周的控制角相同。　　　　　　　　　　（　　　）

6. 双向晶闸管与单向晶闸管的性能完全一致。　　　　　　　　　（　　　）

三、分析题

某一阻性负载，要求提供直流电压 80 V，直流电流 8 A，采用单相半控桥式整流电路，直接用 50 Hz/220 V 的交流电源供电。试计算晶闸管的控制角，画出电路图，并选用合适的晶闸管和二极管的型号、规格。

🏛 基础训练 2　　单结晶体管及触发电路的分析与测试

📖 相关知识

一、对晶闸管触发电路的要求

在晶闸管从阻断到导通状态中，除了必须在阳极与阴极之间加正向电压之外，还必须在控制极加上合适的脉冲电压作为触发信号。对产生触发脉冲的触发电路的基本要求是：

① 触发电压必须与晶闸管的阳极电压同步。触发电路产生的触发电压应在交流电源每半周的同一时刻出现，以保证晶闸管每个周期的导通角相等。

② 触发电压应满足主电路的移相范围要求。触发电压发出的时刻应能平稳地移动（移相），同时要求有一定的移相范围，以满足控制需要，一般移相范围为 180°。

③ 触发信号应有足够的功率。为了保证可靠地触发晶闸管，触发信号不但要有一定幅度的电压，而且要有一定幅度的电流，以便有效地使晶闸管由阻断转为导通。

此外，为了使触发时间准确，要求触发信号的上升沿要陡，并有一定的宽度，且具有一定的抗干扰能力。

二、单结晶体管触发电路

（一）单结晶体管的结构和工作特性

单结晶体管有一个 PN 结，一个发射极、两个基极，又称为双基极管，如图 6.14 所示。

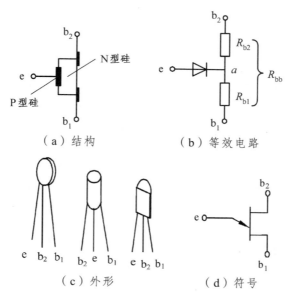

（a）结构　　　　　　（b）等效电路

（c）外形　　　　　　（d）符号

图 6.14　单结晶体管

由图 6.14（b）可见，发射极对基极呈现 PN 结，同时两个基极 b_1 与 b_2 之间呈电阻性，称基极电阻，$R_{bb} = R_{b1} + R_{b2}$，阻值范围为 3 kΩ ~ 12 kΩ 之间，具有正的温度系数，其中 R_{b1} 为 b_1 与 e 间的电阻，阻值随发射极电流 i_E 而变化，R_{b2} 为 b_2 与 e 间的电阻，阻值维持不变。

在图 6.15（a）中，如在两个基极 b_1 与 b_2 之间加一个电压 U_{BB}（b_1 接负，b_2 接正），则此电压在 b_1-e 与 b_2-e 之间按一定的比例 η 分配，b_1-e 之间的电压用 U_A 表示为：

$$U_A = \frac{R_{b1}}{R_{b1} + R_{b2}} U_{BB} = \eta U_{BB} \qquad (6.5)$$

式中，$\eta = \dfrac{R_{b1}}{R_{b1} + R_{b2}}$，称为分压比。

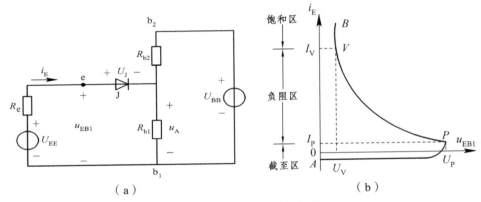

图 6.15　单结晶体管的特性

再在发射极 e 与基极 b_1 之间加一个电压 U_{EE}，将可调直流电源 U_{EE} 通过限流电阻 R_e 接到 e 和 b_1 之间，当外加电压 $u_{EB1} < u_A + U_J$ 时，PN 结上承受了反向电压，发射极上只有很小的反向电流通过，单结晶体管处于截止状态，这段特性区称为截止区，即图 6.15（b）中的 AP 段。

当 $u_{EB1} > u_A + U_J$ 时，PN 结正偏，i_E 猛增，R_{b1} 急剧下降，η 下降，u_A 也下降，PN 结正偏电压增加，i_E 更大。这一正反馈过程使 u_{EB1} 反而减小，呈现负阻效应，如图 6.15（b）中的 PV 段曲线，这一段伏安特性称之为负阻区，P 点处的电压 U_P 称为峰点电压，相对应的电流称为峰点电流，峰点电压是单结管的一个很重要的参数，它表示单结管未导通前的最大发射极电压，当 u_{EB1} 稍大于 U_P 或者近似等于 U_P 时，单结管的电流增加、电阻下降，呈现负阻特性，所以习惯上认为达到峰点电压 U_P 时，单结管就导通，峰点电压 U_P 为：

$$U_P = \eta U_{BB} + U_J$$

式中：U_J——单结管正向压降。

当 u_{EB1} 降低到谷点以后，i_E 增加，u_{EB1} 也有所增加，器件进入饱和区，如图 6.15（b）所示的 VB 段曲线，其动态电阻为正值。负阻区与饱和区的分

界点 V 称为谷点，该点的电压称为谷点电压 U_V。谷点电压 U_V 是单结管导通的最小发射极电压，当 $u_{EB1}<U_V$ 时，器件重新截止。

（二）单结晶体管的型号和测试

1. 型号

单结晶体管的型号有 BT31、BT32、BT33、BT35 等，型号各组成部分代表的意义如图 6.16 所示。

2. 管脚的识别和测试

对于金属管壳的管子，管脚对着自己，以凸口为起始点，向顺时针方向数，依次是 e、b_1、b_2。对于环氧封装半球状的管子，平面对着自己，管脚向下，从左向右，依次为 e、b_2、b_1。国外的塑料封装管的管脚排列一般也和国产环氧封装管的管脚排列相同，如图 6.14（c）所示。

用万用表识别单结晶体管的三个电极：用万用表 R×100 或 R×1k 电阻挡分别测试 e、b_1 和 b_2 之间的电阻值，可以判断管子结构的好坏，识别三个管脚，其示意图如图 6.17 所示。

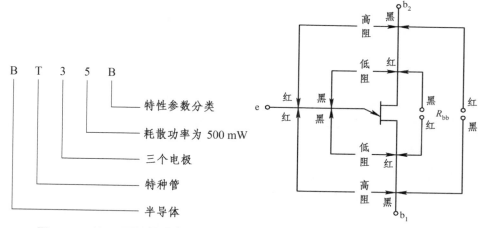

图 6.16　单结晶体管的型号组成　　图 6.17　单结晶体管电极识别示意图

由于 e 靠近 b_2，故 e 对 b_1 的正向电阻比 e 对 b_2 稍大一些，用这种方法可区别第一基极 b_1 和第二基极 b_2。实际应用中，如果 b_1、b_2 接反了，也不会损坏元件，只是不能输出脉冲或输出的脉冲很小罢了。

（三）单结晶体管触发电路的结构和原理

利用单结晶体管的负阻特性和 RC 充放电特性，可构成自激振荡电路，产生控制脉冲，用以触发晶闸管，如图 6.18（a）所示，此电路也叫张弛振荡器。

当电源接通后，电路立即出现两路电流，一路流经 R_2、基极 b_2、基极 b_1

到 R_1；另一路经 R 向电容器 C 充电，使电容两端的电压逐渐升高。当 C 两端电压上升到使 PN 结导通的峰点电压时，单结晶体管的发射极电流突然增大，电容 C 通过发射极、第一基极 b_1 以及 R_1 迅速放电，C 两端的电压随之下降，降至谷点电压时，单结晶体管重新处于截止状态，接着电源又重新开始对 C 充电，再重复上述过程，一张一弛，在电容 C 两端获得锯齿波电压，而在负载电阻 R_1 上获得尖脉冲电压，波形如图 6.18（b）所示。

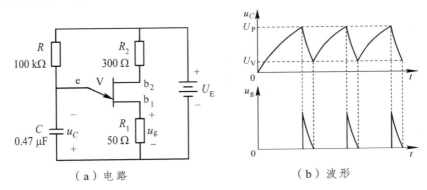

（a）电路　　　　　　　　　（b）波形

图 6.18　单结晶体管的触发脉冲电路

实践操作

一、目的

1. 进一步理解单结晶体管触发电路的工作原理。
2. 掌握单结晶体管触发电路的调试与测试技术。

二、器材

1. 调压器、万用表、双踪示波器、直流稳压电源。
2. 测试电路见图 6.19，配套电子元件及材料见表 6.2。

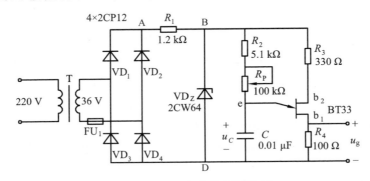

图 6.19　单结晶体管触发电路

表 6.2　配套电子元件及材料明细表

代　号	名　　称	规　格	代　号	名　　称	规　格
R_1	碳膜电阻	1.2 kΩ / 1 W	VD$_1$ ~ VD$_4$	整流二极管	2CP12(4 只)
R_2	碳膜电阻	5.1 kΩ / 0.25 W	VD$_Z$	稳压二极管	2CW64
R_P	电位器	100 kΩ / 0.5 W	BT33	单结晶体管	BT33
R_3	碳膜电阻	330 Ω / 0.25 W	面包板 1 块		
R_4	碳膜电阻	100 Ω / 0.25 W			
C	涤纶电容器	0.01 μF / 63 V	连接导线若干		

三、操作步骤

（一）电路分析

图 6.19 所示是单结晶体管触发电路原理图。T 为同步变压器，它的一次侧线圈接在 220 V 交流电源上，二次侧线圈得到同频率的交流电压 36 V，经单相桥式整流，变成脉动直流电压 U_{AD}，再经稳压管削波变成梯形波电压 U_{BD}，此电压为单结晶体管触发电路的工作电压。加削波环节的目的首先是起到稳压作用，使单结晶体管输出的脉冲幅值不受交流电源波动的影响，提高了脉冲的稳定性；其次，经过削波后，增加了梯形波的陡度，可提高脉冲电压的幅值，扩大移相范围。在每个周期内的第一个脉冲为触发脉冲，其余的脉冲对触发没有作用。调整电位器 R_P，使触发脉冲移相，改变控制角 α。图 6.20 所示为触发电路各点的波形。

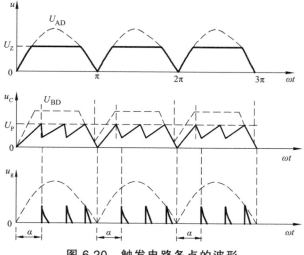

图 6.20　触发电路各点的波形

（二）元器件的清点、识别、测试

根据元器件的外形判断或用万用表测试，确定各元器件的参数和管脚。

（三）在面包板上进行电路搭接并测试电路

按工艺要求在面包板上搭接电路。应注意整流二极管、稳压二极管的正极不要接错，单结晶体管的管脚不要接错。

反复检查搭接的电路，在电路连接无误的情况下，接上电源。用示波器观察 A、D 和 B、D 两端的电压波形以及 u_C、u_g 的波形，调节 R_P，观察电阻 R_P 的变化对 u_C、u_g 波形的影响。

用万用表测量记录 A、D 和 B、D 两端电压值以及 u_C、u_g 的值；用示波器观测并记录 A、D 和 B、D 两端电压的波形以及 u_C、u_g 的波形，将结果记录于表 6.3 中。

表 6.3　调试、测试结果记录表

测试点	U_{AD}	U_{BD}	u_C	u_g
万用表测试电压值/V				
示波器观察波形				

📖 课外练习

一、填空题

1. 晶闸管由阻断转变为导通，除了要求在阳极与阴极之间加_____电压外，还要求在控制极和阴极之间加合适的_____电压，产生此控制极电压的电路称为_____电路。

2. 为了保证可靠地触发晶闸管，触发信号不但要有一定幅度的电压，而且要有一定幅度的_____，以便有效地使晶闸管由_____转为_____。

3. 由于加在晶闸管上的电源电压与单结晶体管的电源是_____，使得它们的过零点_____，这就保证了触发电路与主电路之间的_____。

二、判断题

1. 触发电压发出的时刻应能够平稳地前后移动（即移相），同时要求有一定的移相范围，以满足控制需要，一般移相范围为 360°。　　　（　　）

2. 为了使触发时间准确，要求触发信号的上升沿要陡，并有一定的宽度，且具有一定的抗干扰能力。（　　）

3. 利用单结晶体管的负阻特性和 RC 电路的充放电特性，可以组成频率可变的锯齿波振荡电路。（　　）

4. 在实际应用中，单结晶体管的两个基极可任意交换使用。（　　）

5. 晶闸管控制角越小，导通角就越小，输出的平均电压越低。（　　）

6. 触发脉冲在一个周期内可以产生多个，但只有第一个脉冲对晶闸管起作用。（　　）

任务实施　制作台灯调光电路

一、信息搜集

1. 能进行台灯调光的电路信息。
2. 利用晶闸管进行台灯调光电路的有关信息。
3. 装配、测试电路所需的材料、工具、仪器等信息。
4. 装配电路的工艺流程和工艺标准。
5. 晶闸管台灯调光电路的调试、测试技能信息。

二、实施方案

1. 确定利用单向晶闸管进行台灯调光的电路原理图，见图 6.1。
2. 确定与电路原理图对应的元件和材料，见表 6.4。

表 6.4　配套电子元件及材料明细表

代号	名称	规格	代号	名称	规格
R_1	碳膜电阻	1.2 kΩ / 1 W	VD_5、VD_6	整流二极管	2CZ11(2 只)
R_2	碳膜电阻	5.1 kΩ / 0.25 W	V_1、V_2	晶闸管	KP-4(2 只)
R_P	电位器	100 kΩ / 0.5 W	R_L	白炽灯	220 V / 25 W
R_3	碳膜电阻	330 Ω / 0.25 W	T	变压器	220 V / 36 V
R_4	碳膜电阻	100 Ω / 0.25 W	ϕ0.8 mm 镀锡铜丝若干		
R_5、R_6	碳膜电阻	47 Ω / 0.25 W(2 只)	焊料、助焊剂、绝缘胶布若干		
C	涤纶电容器	0.01 μF / 63 V	万能电路板 1 块		
$VD_1 \sim VD_4$	整流二极管	2CP12（4 只）	紧固件 M4×15　4 套；多股软导线 400 mm		
VD_Z	稳压二极管	2CW64	与 220 V / 25 W 白炽灯配套的灯座 1 套		
BT33	单结晶体管	BT33			

3. 确定电路装配所需的工具：剥线钳、斜口钳、5 号一字和十字螺丝刀、电烙铁及烙铁架，镊子、剪刀、焊锡丝、松香。

4. 确定装配电路的工艺流程和调试、测试方法。

5. 确定测试仪器、仪表：万用表、直流稳压电源、示波器、调压器。

6. 制订任务进度。

三、工作计划与步骤

（一）读电路图，分析电路的工作原理

图 6.1 所示是利用单向晶闸管构成的台灯调光电路。图中下半部分为主回路，是一个单相半控桥式整流电路；上半部分为单结晶体管触发电路。

T 为同步变压器，它的一次侧线圈与可控桥路均接在 220 V 交流电源上，二次侧线圈得到同频率的交流电压，经单相桥式整流，变成脉动直流电压 U_{AD}，再经稳压管削波变成梯形波电压 U_{BD}，此电压为单结管触发电路的工作电压，加削波环节的目的首先是起到稳压作用，使单结晶体管输出的脉冲幅值不受交流电源波动的影响，提高了脉冲的稳定性；其次，经过削波后，增加了梯形波的陡度，可提高触发脉冲电压的幅值，扩大移相范围。由于主、触回路接在同一交流电源上，起到了很好的同步作用，当电源电压过零时，振荡自动停止，故电容每次充电时，总是从电压的零点开始，这样就保证了脉冲与主电路可控硅阳极电压同步。

在每个周期内的第一个脉冲为触发脉冲，其余的脉冲没有作用。调整电位器 R_P，使触发脉冲移相，改变控制角 α。电路中各点的波形如图 6.21 所示。

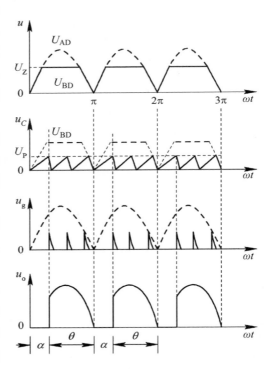

图 6.21　台灯调光电路各点的波形图

（二）元器件的清点、识别、测试

根据元器件的外形判断或用万用表测试，确定各元器件的参数和管脚、质量等。

（三）进行电路的布局与布线并测试

按工艺要求在通用电路板上设计装配图，并进行电路的布局与布线。注意元器件的管脚和极性。

按设计的装配布局图进行装配，装配时应注意：

① 电阻器、整流二极管、稳压二极管采用水平安装方式，电阻体贴紧电路板。

② 晶闸管、单结晶体管、电容器采用垂直安装方式，底部离电路板 5 mm。

③ 白炽灯座垂直安装，其上引出接线端。

④ 电位器贴紧电路板垂直安装，不能歪斜。

电路装配好后，检查电路的布线是否正确，焊接是否可靠，有无漏焊、虚焊、短路等现象。

反复检查组装电路，在电路组装无误的情况下，按正确的连接方法进行电源、负载（灯）的连接。观察灯是否亮，改变电位器，观察灯的亮度是否改变。用万用表测试 A、B 两点的电压，并用示波器观察 A、B 两点和电容器两端、单结晶体管输出端 R_4 两端的电压波形，并进行记录，看是否与理论分析一致，测试结果记录于表 6.5 中。

表 6.5　调试、测试结果记录表

测试点	U_{AD}	U_{BD}	U_C	U_{R_4}	U_o
万用表测试 电压值/V					
示波器观察 波形					

若发现组装的电路灯不亮，应检查主电路是否正确。若不能调光，应检查触发电路，电路从左到右通过测试值和观察波形逐一检查，直到排除故障为止。

四、验收评估

电路装配、测试完成后，按以下标准验收评估。

（一）装配

① 布局合理、紧凑。

② 导线横平竖直，转角呈直角，无交叉。

③ 元件间连接与电路原理图一致。

④ 电阻器、二极管水平安装，紧贴电路板。

⑤ 电位器、电容器、晶闸管、单结晶体管垂直安装，高度符合工艺要求且平整、对称。

⑥ 按图装配，元件的位置、极性正确。

⑦ 焊点光亮、清洁，焊料适量，布线平直。

⑧ 无漏焊、虚焊、假焊、搭焊、溅焊等现象。焊接后元件引脚留头长度小于 1 mm。

⑨ 总装符合工艺要求。

⑩ 导线连接正确，绝缘恢复良好。

⑪ 不损伤绝缘层和元器件表面涂敷层。紧固件牢固可靠。

⑫ 线路正确，装配成功，即照明灯亮，且改变电位器时能进行调光。

（二）调试与测试

① 按调试要求和步骤，正确调试。

② 正确使用万用表。

③ 正确使用示波器。

（三）安全、文明生产

① 安全用电，不人为损坏元器件、加工件和设备等。

② 保持实验环境整洁，操作习惯良好。

③ 认真、诚信地工作，能较好地和小组成员交流、协作完成工作。

五、资料归档

在任务完成后，需编写技术文档。技术文档中需包含：电路的功能说明；电路原理图及原理分析；装配电路的工具、测试仪器仪表、元器件及材料清单；通用电路板上的电路布局图；电路制作的工艺流程说明；测试结果分析；总结。

技术文档必须按国家标准对其进行标准化，经相关人员审核后存入技术档案室进行统一管理。

📖 思考与提高

1. 图 6.1 中，如所接的负载不是白炽灯，而是直流电机的话，就可以对直流电机进行调速，试分析是怎样实现调速的，电路还需做哪些变动？

2. 晶闸管具有很多优点，但是它承受过电流和过电压的能力很差，使用中必须采取一定的保护措施。查查资料，晶闸管的过电流、过电压通常采用什么保护措施？又怎样将保护装置接入电路？

附录 半导体器件相关资料汇编

附录 1 半导体器件的型号命名方法

附表 1.1 中国半导体分立器件的命名方法

第一部分		第二部分		第三部分				第四部分	第五部分
用数字表示半导体器件有效电极数目		用汉语拼音字母表示半导体器件的材料和极性		用汉语拼音字表示半导体器件的类型				用数字表示器件序号	用汉语拼音字母表示规格号
符号	意义	符号	意义	符号	意义	符号	意义		
2	二极管	A	N 型、锗材料	P	普通管	D	低频大功率管 $f_a<3\ \mathrm{MHz}$ $P_c\geq 1\ \mathrm{W}$		
		B	P 型、锗材料	V	微波管				
		C	N 型、硅材料	W	稳压管				
		D	P 型、硅材料	C	参量管				
3	三极管	A	PNP 型、锗材料	Z	整流管	A	高频大功率管 $f_a\geq 3\ \mathrm{MHz}$ $P_c\geq 1\ \mathrm{W}$		
		B	NPN 型、锗材料	L	整流堆				
		C	PNP 型、硅材料	S	隧道管	T	半导体闸流管 (可控整流器)		
		D	NPN 型、硅材料	N	阻尼管				
		E	化合物材料	U	光电器件	Y	体效应器件		
				K	开关管	B	雪崩管		
				X	低频小功率管 $f_a<3\ \mathrm{MHz}$ $P_c<1\ \mathrm{W}$	J	阶跃恢复管		
						CS	场效应器件		
						BT	半导体特殊器件		
				G	高频小功率管 $f_a\geq 3\ \mathrm{MHz}$ $P_c<1\ \mathrm{W}$	FH	复合管		
						PIN	PIN 管		
						JG	激光器件		

附表 1.2　国际电子联合会半导体分立器件的型号命名法

第一部分		第二部分				第三部分		第四部分	
用字母表示器件使用的材料		用字母表示器件的类型及主要特征				用数字或字母加数字表示登记号		用字母对同型号者分档	
符号	意义	符号	意义	符号	意义	符号	意义	符号	意义
A	锗材料	A	检波、开关和混频二极管	M	封闭磁路中的霍尔元件	三位数字	通用半导体器件的登记序号（同一类型使用同一登记号）	A B C D E …	同一型号器件按某一参数进行分档的标志
		B	变容二极管	P	关敏器件				
B	硅材料	C	低频小功率三极管	Q	发光器件				
		D	低频大功率三极管	R	小功率晶闸管				
		E	隧道二极管	S	小功率开关管	一个字母加两位数字	专用半导体器件的登记号（同一类型使用同一登记号）		
C	砷化镓	F	高频小功率三极管	T	大功率晶闸管				
D	锑化铟	G	复合器件及其他器件	U	大功率开关管				
		H	磁敏二极管	X	倍增二极管				
R	复合材料	K	开放磁路中的霍尔元件	Y	整流二极管				
		L	高频大功率三极管	Z	稳压二极管（齐纳二极管）				

附表 1.3　美国电子工业协会半导体分立器件的型号命名法

第一部分		第二部分		第三部分		第四部分		第五部分	
用符号表示器件用途的类型		用数字表示PN结的数目		美国电工业协会（EIA）注册协会标志		美国电子工业协会（EIA）登记顺序号		用字母表示器件分档	
符号	意义	符号	意义	符号	意义	符号	意义	符号	意义
JAN 或 J	军用品	1	二极管	N	该器件已在美国电子工业协会注册登记	多位数字	该器件已在美国电子工业协会登记的顺序号	A B C D	同一型号的不同档别
		2	三极管						
无	非军用品	3	3 个 PN 结器件						
		n	n 个 PN 结器件						

附表 1.4　日本半导体分立器件的型号命名法

第一部分		第二部分		第三部分		第四部分		第五部分	
用数字表示类型或器件有效电极数		日本电子工业协会(JEIA)注册标志		用字母表示器件的极性及类型		用数字表示在日本电子工业协会(JEIA)登记的顺序号		用字母表示对型号的改进型产品标志	
符号	意义	符号	意义	符号	意义	符号	意义	符号	意义
0	光电(即光敏)二极管、晶体管及其组合管	S	表示已在日本电子工业协会(JEIA)注册登记的半导体分立器件	A	PNP型高频管	两位以上的整数	从11开始,表示在日本电子工业协会(JEIA)注册登记的顺序号;不同公司的性能相同的器件可以使用同一顺序号;其数字越大,越是近期产品	A B C D E F	用字母表示对原来型号的改进产品
1	二极管			B	PNP型低频管				
2	三极管、具有两个PN结的其他晶体管			C	NPN型高频管				
				D	NPN型低频管				
3	具有四个有效电极或具有三个PN结的晶体管			F	P控制极晶闸管				
				G	N控制极晶闸管				
				H	N基极单结晶体管				
⋮				J	P沟道场效应管				
				K	N沟道场效应管				
$n-1$	具有 n 个有效电极或具有 $n-1$ 个PN结的晶体管			M	双向晶闸管				

附录 2　半导体二极管的技术参数

附表 2.1　1N、2CZ 系列常用整流二极管的主要参数

型　　号	反向工作峰值电压 U_{RM}/V	额定正向整流电流 I_F/A	正向不重复浪涌峰值电流 I_{FSM}/A	正向压降 U_F/V	反向电流 $I_R/\mu A$	工作频率 f/kHz	外形标志
1N4000	25						
1N4001	50						
1N4002	100						
1N4003	200						
1N4004	400	1	30	≤1	< 5	3	DO-41
1N4005	600						
1N4006	800						
1N4007	1000						
1N5100	50						
1N5101	100						
1N5102	200						
1N5103	300						
1N5104	400	1.5	75	≤1	< 5	3	
1N5105	500						
1N5106	600						
1N5107	800						
1N5108	1000						DO-15
1N5200	50						
1N5201	100						
1N5202	200						
1N5203	300						
1N5204	400	2	100	≤1	<10	3	
1N5205	500						
1N5206	600						
1N5207	800						
1N5208	1000						
1N5400	50						
1N5401	100						
1N5402	200						
1N5403	300						
1N5404	400	3	150	≤0.8	<10	3	DO-27
1N5405	500						
1N5406	600						
1N5407	800						
1N5408	1000						

型　号	反向工作峰值电压 U_{RM}/V	额定正向整流电流 I_F/A	正向不重复浪涌峰值电流 I_{FSM}/A	正向压降 U_F/V	反向电流 I_R/μA	工作频率 f/kHz	外形标志
2CZ53A	25						
2CZ53B	50						
2CZ53C	100						
2CZ53D	200						
2CZ53E	300						
2CZ53F	400						
2CZ53G	500	0.3	6	≤1	5	3	ED-2
2CZ53H	600						
2CZ53J	700						
2CZ53K	800						
2CZ53L	900						
2CZ53M	1000						
2CZ54A	25						
2CZ54B	50						
2CZ54C	100						
2CZ54D	200						
2CZ54E	300						
2CZ54F	400						
2CZ54G	500	0.5	10	≤10	<10	3	EE
2CZ54H	600						
2CZ54J	700						
2CZ54K	800						
2CZ54L	900						
2CZ54M	1000						
2CZ58C	100						
2CZ58D	200						
2CZ58F	400						
2CZ58G	500						
2CZ58H	600						
2CZ58K	800	10	210	≤1.3	<40	3	EG-1
2CZ58M	1000						
2CZ58N	1200						
2CZ58P	1400						
2CZ58Q	1600						
2CZ100-1 ～16	100～1600	100	2 200	≤107	<200	3	D30-12
2CZ200-1 ～16	100～1600	200	4 080	≤0.7	<200	3	D30-14

附表 2.2　1N 系列、2CW、2DW 型稳压二极管的主要参数

型　号	稳定电压 U_Z/V	动态电阻 R_Z/Ω	温度系数 $C_{TV}/(10^{-4}/°C)$	工作电流 I_Z/mA	最大电流 I_{ZM}/mA	额定功耗 P_Z/W	外形标志
1N748	3.8~4.0	100					
1N752	5.2~5.7	35					
1N753	5.88~6.12	8		20			
1N754	6.66~7.01	15					
1N755	7.07~7.25	6				0.5	DO-35E
1N757	8.9~9.3	20					
1N962	9.5~11.9	25					
1N963	11.9~12.4	35		10			
1N964	12.4~14.1	10					
1N969	20.8~23.3	35		5.5			
2CW50	1.0~2.8	50	≥−9		83		
2CW51	2.2~3.5	60	≥−9		71		
2CW52	3.2~4.5	70	≥−8	10	55		
2CW53	4.0~5.8	50	−6~4		41		
2CW54	5.5~6.5	30	−3~5		38		
2CW55	6.2~7.5	15	≤6		33	0.25	ED-1 EA DO-41
2CW56	7.0~8.8	15	≤7		27		
2CW57	8.5~9.5	20	≤8		26		
2CW58	9.2~10.5	25	≤8	5	23		
2CW59	10~11.8	30	≤9		20		
2CW60	11.5~12.5	40	≤9		19		
2CW61	12.4~14	50	≤9.5	3	16		
2CW62	13.5~17	60	≤9.5		14		
2CW63	16~19	70	≤9.5		13		
2CW64	18~21	75	≤1.0		11		
2CW65	20~24	80	≤1.0		10		
2CW66	23~26	85	≤1.0		9		
2CW67	25~28	90	≤1.0		9		
2CW68	27~30	95	≤1.0		8		
2CW69	29~33	95	≤1.0		7		
2CW70	32~36	100	≤1.0		7		
2CW71	35~40	100	≤1.0		6		
2DW230 (2DW7A)	5.8~6.6	≤25	≤|0.05|	10	30	0.2	B4
2DW231 (2DW7B)		≤15					
2DW232 (2DW7C)	6.0~6.5	≤10	≤|0.05|				
测试条件	$I=I_Z$	$I=I_Z$					

附表 2.3　2AP 型检波二极管的主要参数

型号	反向击穿电压 U_{RM}/V	反向电流 $I_R/\mu A$	反向工作峰值电压 U_{RM}/V	正向电流 I_F/mA	检波损耗 L_{rd}/dB	截止频率 f/MHz	势垒电容 C_B/pF	外形标志
2AP9	20	≤200	15	≥8	≥20	100	≤0.5	EA-3
2AP10	40	≤200	30					EA-1
测试条件	—	$U_R = 10\ V$ $U_R = 20\ V$	—	$U_F = 1\ V$ $f = 40\ MHz$	交流电压 0.2~0.5 V $f = 465\ kHz$	—	交流电压 1~2 V $U_R = 6\ V$ $f = 10\ kHz$	

附表 2.4　2CU 型硅光敏二极管的主要参数

型号	最高反向工作电压 U_{RM}/V	暗电流 $I_D/\mu A$	光电流 $I_L/\mu A$	峰值波长 λ_p/A	响应时间 t_r/ns	外形标志
2CU1A	10					
2CU1B	20					
2CU1C	30	≤0.2	≥80			ET
2CU1D	40					
2CU1E	50			8 800	≤5	
2CU2A	10					
2CU2B	20					
2CU2C	30	≤0.1	≥30			
2CU2D	40					
2CU2E	50					
测试条件	$I_R = I_D$	无光照 $U = U_{RM}$	照度 $H = 1000lx$ $U = U_{RM}$		$R_L = 50\ \Omega$ $U = 10\ V$ $f = 300\ Hz$	

附表 2.5　2CC 系列变容二极管的主要参数

型号	反向工作峰值电压 U_{RM}/V	最大结电容 C_{max}/pF	最小结电容 C_{min}/pF	反向电流 $I_R/\mu A$
2CC12A		10	2.5	
2CC12B	10	20+6	3	
2CC12C		30±6	3.5	≤20
2CC12D	12	40±6	4	
2CC12E	15	45	5	
2CC12F	10		15	
测试条件	$I_R = 0.5\ uA$	$U_R = 0$	$U_R = U_{RM}$	$U_R = U_{RM}$

附表 2.6　　1N 系列变容二极管的主要参数

型　号	反向工作峰值电压 U_{RM} / V	最大结电容 C_{max} / pF	最小结电容 C_{min} / pF	反向电流 I_R / μA
1N5439		3.3	2.3 ~ 3.1	
1N5443		10	2.6 ~ 3.1	
1N5447	≥30	20	2.6 ~ 3.2	≤20
1N5443		56	2.3 ~ 3.3	
1N5456		100	2.6 ~ 3.3	
测试条件	—	4V 1 MHz	2 ~ 30 V	$U_R = U_{RM}$

附表 2.7　　1N、MBR 系列肖特基二极管的主要参数

型　号	反向峰值电压 U_{RM} / V	额定正向整流电流 I_F / A	正向不重复浪涌峰值电流 I_{FSM} / A	最大正向压降 U_{FM} / V	反向恢复时间 t_{rr} / ns	外形标志
1N5817	20			0.45		
1N5818	30	1.0	25	0.55		
1N5819	40			0.60		
1N5820	20			0.475		
1N5821	30	3.0	80	0.500	10	DO-41
1N5822	40			0.525		
1N5823	20					
1N5824	30	5.0	500	0.38		
1N5825	40					
MBR030	30					
MBR040	40	0.05	5	0.65		
MBR1100	100					
MBR150	50					
MBR160	60	1.0	25	0.60		
MBR180	80					
MBR3100	100					
MBR350	50					
MBR360	60	3.0	80	0.525		
MBR380	80					
MBR735	35	7.5	150	0.57		
MBR745	45					
MBR1035	35					
MBR1045	45					
MBR1060	60	10.0	150	0.72		
MBR1080	80					
MBR10100	100					

附表 2.8 2EF 系列发光二极管的主要参数

型 号	工作电流 I_F / mA	正向电压 U_F / V	发光强度 I_0 / mcd	最大工作电流 I_{FM} / mA	反向耐压 U_{BR} / V	发光颜色	外形标志
2EF401 2EF402	10	1.7	0.6	50	≥7	红	ϕ5.0
2EF411 2EF412	10	1.7	0.5	30	≥7	红	ϕ3.0
2EF441	10	1.7	0.2	40	≥7	红	5×1.9
2EF501 2EF502	10	1.7	0.2	40	≥7	红	ϕ5.0
2EF551	10	2	1	50	≥7	黄绿	ϕ5.0
2EF601 2EF602	10	2	0.2	40	≥7	黄绿	5×1.9
2EF641	10	2	1.5	50	≥7	红	ϕ5.0
2EF811 2EF812	10	2	0.4	40	≥7	红	5×1.9
2EF841	10	2	0.8	30	≥7	黄	ϕ3.0

附表 2.9 1N、MIR 系列快速恢复二极管的主要参数

型 号	反向峰值电压 U_{RRM} / V	额定正向整流电流 I_F / A	正向不重复浪涌电流 I_{FSM} / A	反向恢复时间 t_{rr} / μs
1N4933	50			
1N4934	100			
1N4935	200	1.0	30	0.2
1N4936	400			
1N4937	600			
MR910	50			
MR911	100			
MR912	200			
MR914	400	3.0	100	0.75
MR916	600			
MR917	800			
MR918	1000			
MR820	50			
MR821	100			
MR822	200	5.0	300	0.2
MR824	400			
MR826	600			
MUR805	50			
MUR810	100			
MUR815	150			
MUR820	200	8.0	100	0.06
MUR840	400			
MUR850	500			
MUR860	600			

附表 2.10　2AK、2CK、1N 系列开关二极管的主要参数

型　号	反向峰值工作电压 U_{RM} / V	正向重复峰值电流 I_{FRM} / mA	正向压降 U_F / V	额定功率 P / mW	反向恢复时间 t_{rr} / ns	外形标志
1N4148	60	450	≤1	500	4	DO-35B
1N4149						
2AK1	10		≤1		≤200	
2AK2	20	150				
2AK3	30		≤0.9		≤150	
2AK5	40					
2AK6	50					
2CK74(A～E)	A≥30	100		100	≤5	
2CK75(A～E)	B≥45		≤1	150		
2CK76(A～E)	C≥60	150		200	≤10	
2CK77(A～E)	D≥75	200		250		
	E≥90	250				

附表 2.11　3N、QL 系列硅整流桥的主要参数

型　号	反向峰值电压 U_{RM} / V	额定整流电流 I_o / A	正向平均压降 U_F / V	反向电流 I_R / A	外形标志
3N246	50				
3N247	100				
3N248	200				
3N249	400	1.0	≤1.15	≤10	
3N250	600				
3N251	800				
3N252	1000				
3N253	50				
3N254	100				
3N255	200				
3N256	400	2.0	≤1.0	≤10	
3N257	600				
3N258	800				
3N259	1000				
QL1		0.05			
QL2		0.1			
QL3	25～1000	0.2	≤1.2	≤10	QL
QL4		0.3			
QL5		0.5			
QL6		1.0			

附表 2.12　BS 系列发光数码管的主要参数

型　号	正向压降 U_F /V	最大工作电流（全亮）I_{FM} /mA	最大功耗（全亮）P_M /mW	反向击穿电压（每段）U_{BR} /V	发光强度（每段）I_o /$U_{\mu cd}$	结构	字高 /mm
BS201	≤ 1.8	40	150			共阴	8
BS202		200	300				
BS204	≤ 1.8	200	300	≥ 5	150	共阳	7.6
BS205	≤ 1.8	200				共阴	7.6
BS206	≤ 3.6	200	600			共阳	12.6
BS207	≤ 3.6	400				共阴	12.6
BS209	≤ 1.8	150	400			共阳	7.5
BS210	≤ 1.8					共阴	7.5

附表 2.13　BT31～37 型双基极二极管的主要参数

型　号	分压比 η	基极间电阻 R_{bb} / kΩ	调制电流 I_{BZ} / mA	峰点电流 I_P / mA	谷点电压 U_V / V	耗散功率 P_{BZM} / mW	外形标志
BT31 A	0.3～0.55	3～6	5～30				
BT31 B	0.3～0.55	5～12					
BT31 C	0.45～0.75	3～6	≤ 30	≤ 2	≤ 3.5	100	ET
BT31 D	0.45～0.75	5～12					
BT31 E	0.65～0.9	3～6					
BT31 F	0.65～0.9	5～12					
BT32 A	0.3～0.55	3～6	8～35	≤ 2	≤ 3.5	250	B
BT32 B		5～12	≤ 35	≤ 2	≤ 3.5	400	
BT32 C	0.45～0.75	3～6					
BT32 D		5～12	≤ 35				
BT32 E	0.65～0.90	3～6					
BT32 F		5～12					
BT33 A	0.3～0.55	3～6					
BT33 B		5～12	8～40				
BT33 C	0.45～0.75	3～6		≤ 2	≤ 3.5	400	
BT33 D		5～12	≤ 40				
BT33 E	0.65～0.90	3～6					
BT33 F		5～12					
BT37 A	0.45～0.75	3～6	3～40				
BT37 B		5～12					
BT37 C	0.45～0.75	3～6		≤ 2	≤ 3.5	700	
BT37 D		5～12	≤ 40				
BT37 E	0.65～0.90	3～6					
BT37 F		5～12					
测试条件	U_{BB} = 20 V	U_{BB} = 12 V I_E = 0	U_{BB} = 10 V	U_{BB} = 20 V	U_{BB} = 20 V		

附录 3　三极管、场效应晶体管、晶闸管的技术参数

附表 3.1　通用 9011～9018、8050、8550 型三极管的主要参数

型号	极限参数			滞留参数			交流参数		类型	外形标志
	P_{CM} / mW	I_{CM} / mA	$U_{(BR)CEO}$ / V	I_{CED} / mA	$U_{CE(sat)}$ / V	h_{FE}	f_T / MHz	C_{ob} / pF		
9011 E F G H I	300	100	18	0.05	0.3	28 39 54 72 97 132	150	3.5	NPN	
9012 E F G H	600	500	25	0.5	0.6	64 78 96 118 144	150		PNP	TO-92 注：一般在塑封管 TO-92 上标有 E、B、C 或 D、S、G
9013 E F G H	400	500	25	0.5	0.6	64 78 96 118 114	150		NPN	
9014 A B C D	300	500	18	0.05	0.3	60 60 100 200 400	150		NPN	
9015 A B C D	310 600	100	18	0.05	0.5	60 60 100 200 400	50 100	6	PNP	
9016		25	20		0.3	28 ~ 97	500		PNP	
9017	310	100	12	0.05	0.5	28 ~ 72	600	2	PNP	
9018		100	12		0.5	28 ~ 72	700			
8050	1000	1500	25			85 ~ 300	100		NPN	
8550									PNP	

附表 3.2 常用 3DK、3CK 开关小功率三极管的主要参数

型 号	极限参数			直流参数		开通时间 t_{on} /ns	下降时间 t_{off} /ns	交流参数		类型	外形标志
	P_{CM} /mW	I_{CM} /mA	$U_{(BR)CEO}$ /V	I_{CED} /μA	h_{FE}			f_T /MHz	C_{ob} /pF		
3DK2A			≥20				≤60	≥150			
3DK2B	200	30		≤0.1	≥30	≤30 ≤20 ≤15	≤40	≥200	≤4	NPN	TO-92 B-1
3DK2C			≥15				≤30	≥150			
3DK4			≥15								
3DK4A	200	800	≥30	≤10	≥20	≤30	≤30	≥100	≤15	NPN	TO-92 B-4
3DK4B			≥45								
3DK4C			≥30								
3DK7A	300	50	≥15	≤1	≥20	≥45	≤180	≥120	≤35	NPN	TO-92 B-1
3DK7B							≤130				
3DK7C											
3DK7D							≤90				
3DK7E							≤60				
3DK7F							≤40				
3DK2A											
3DK2B			≥15								
3DK2C	300	50	≥30 ≥15	≤0.2	≥20	≤50	≤30	≥150	≤5	PNP	TO-92 B-1
3DK2D			≥30								
3DK2E											

附表 3.3　常用 3AG 高频小功率三极管的主要参数

型　号	极限参数			直流参数		交流参数	最大允许结温	类型	外形标志
	P_{CM} /mW	I_{CM} /mA	$U_{(BS)CED}$ /V	I_{CED} /μA	h_{FE}	f_T /MHz	T_M /°C		
3AG1	50	10	≥10	≤100	≥20	≥20	75	PNP	TO-1
3AG3	50	10			≥30	≥60	75		
3AG9	60	10			≥30	≥20	75		
3AG12	30	10	≥15				85		
3AG29	150	50			>30	≥150	75		

附表 3.4　3DD、3CD 型低频大功率三极管的主要参数

型　号	极限参数			直流参数			交流参数 f_T /MHz	最大允许结温 /°C	类型	外形标志
	P_{CM} /mW	I_{CM} /mA	$U_{(BS)CED}$ /V	I_{CED} /mA	h_{FE}	U_{CES} /V				
3DD12 A B C D E	50	5	100 200 300 400 500	≤1	≥20	≤1.5	≥1	125	NPN	F-2 TO-220
3DD12 A B C D	100	15	80 100 150 200	≤1	≥20	≤1.5 ≤2	≥2	125	NPN	F-4
3CD03 0A B C D E F G H I		3 1.5 0.75	30 50 80 100 120 150 200 300 400	≤1.5	7～180	≤1.5	≥3	150	PNP	F-1
3CD05 0A B C D E F G H I	50	5 2.5 1.2	30 50 80 100 120 150 200 300 400		7～180	≤1.5	≥3	150	PNP	F-2
测试条件	$I_C=5$ mA $I_C=10$ mA	$U_{CE}=50$ V	$U_{CE}=5$ V $I_C=2$ A $I_C=5$ A							

附表 **3.5**　常用 **3AD** 型锗低频大功率三极管的主要参数

| 型　号 | 极限参数 | | | 直流参数 | | 交流参数 f_T /MHz | 最大允许结温 T_M /°C | 类型 | 外形标志 |
	P_{CM} /mW	I_{CM} /mA	$U_{(BS)\,CED}$ /V	I_{CED} /mA	h_{FE}				
3AD50 A (3AD6) B C	10①	3	18 24 30	≤ 2.5	≥ 12	4	90	PN	F-1
3AD53　A (3AD30) B C	20②	6	12 18 24	≤ 12 　 ≤ 10	≥ 20	2	90	PNP	F-2 TO-3
3AD56　A (3AD18) B C D	50③	15	40 20 60 60	≤ 15	≥ 20	3	90	PNP	
测试条件			$I_C = 10$ mA $I_C = 20$ mA $I_C = 100$ mA	$U_{CE} = -10$ V	$U_{CE} = -2$ V $I_C = 2$ A $I_C = 4$ A $I_C = 5$ A				

注：① 加 120 mm×120 mm×4 mm 散热板。② 加 200 mm×200 mm×4 mm 三热板。③ 加散热板。

附表 **3.6**　通用硅低频大功率三极管的主要参数

| 型　号 | | 极限参数 | | | 直流参数 h_{FE} | 交流参数 f_T /MHz | 外形标志 |
NPN	PNP	P_{CM} /mW	I_{CM} /mA	$U_{(BS)\,CED}$ /V			
2N5758	2N6226			100	25 ~ 100		
2N5759	2N6227	150	6	120	20 ~ 80	1	
2N5760	2N6228			140	15 ~ 60		
2N6058	2N8053	100	8	60	≥ 1k	4	
2N8058	2N8054			80			
2N3713	2N3789			60	≥ 15	4	
2N3714	2N3790			80	≥ 15		
2N5832	2N6228	150	10	100	25 ~ 100		TO-204
2N5633	2N6230			120	20 ~ 80	1	
2N5634	2N6231			140	15 ~ 60		
2N6282	2N6285	60		60	750 ~ 18k	4	
2N5303	2N5745	140	20	80	15 ~ 60	200	
2N6284	2N6287			100	750 ~ 18k	4	
2N5301	2N4398			40	15 ~ 60	2	
2N5302	2N4399	200	30	60	15 ~ 60		
2N6327	2N6330			80	6 ~ 30	3	
2N6328	2N6331			100	6 ~ 30		

附表 3.7　达林顿大功率三极管的主要参数

| 型　号 | | 极限参数 | | | 直流参数 | 交流参数 | 外形标志 |
NPN	PNP	P_{CM}/W	I_{CM}/A	$U_{(BS)CED}$/V	h_{FE}	f_T/MHz	
2N6207	2N6034			40	75 ~ 1k		
2N6028	2N6035	40	4	60	750 ~ 18k	25	
2N6039	2N6036			80	750 ~ 18k		
2N6043	2N6040			60	1k ~ 10k		
2N6044	2N6041	75	8	80	1k ~ 10k	4	
2N6045	2N6042			100	1k ~ 10k		
2N6057	2N6050			60			
2N6058	2N6051	150	12	80	750 ~ 18k	4	
2N6059	2N6052			100			
2N6282	2N6285			60			
2N6283	2N6286	160	20	80	750 ~ 18k	4	
2N6284	2N6287			100			
DDL150	CDL150	150	16	60	500 ~ 1000	1	
DDL20	CDL70	70	5	60	500		
DDL40	CDL40	40	4	60	500		
DDL10	CDL10	10	2	80	500		
DDL05	CDL05	5	1	25	500		
3DD30LA ~ E		30	5	100 ~ 600	500 ~ 10k	1	F-2 F-1
3DD50LA ~ E		50	10	100 ~ 600	500 ~ 10k	1	F-2

附表 3.8　3DJ、3DO、3CO 系列场效应晶体管的主要参数

型　号	类　型	饱和漏源电流 I_{DSS} /mA	夹断电压 $U_{GS(off)}$ /V	开启电压 $U_{GS(th)}$ /V	共源低频跨导 g_m /mS	栅源绝缘电阻 R_{GS} /Ω	最大漏源电压 $U_{DS(BRO)}$ /V	外形标志
3DJ6 D E F G H	结型场效应管	< 0.35 / 0.3 ~ 1.2 / 1 ~ 3.5 / 3 ~ 6.5 / 6 ~ 10	< |−9|		300 / 500 / / 1 000	≥ 10^8	> 20	TO-72
3DJ6 D E F G H	MOS 场效应管 N 沟道 耗尽型	< 0.35 / 0.3 ~ 1.2 / 1 ~ 3.5 / 3 ~ 6.5 / 6 ~ 10	< |−4| / / < |−9|		>1 000	≥ 10^9	>20	TO-92
3D06 A B	MOS 场效应管 N 沟道 耗尽型	≤ 10		2.5 ~ 5 / <3	>2 000	≥ 10^9	>20	TO-92
3C01	MOS 场效应管 N 沟道 耗尽型	≤ 10	< |−2| ~ |−6|		> 500	10^8 ~ 10^{11}	>15	TO-72 A3-01

附表 3.9　3DU 系列光敏三极管的主要参数

型　号	最大工作电流 I_{CM} /mA	最高工作电压 $U_{(RM)CE}$ /V	暗电流 I_D /μA	光电流 I_L /μA	上升时间 t_r /μs	峰值波长 λ_0 /nm	最大耗散功率 P_{CM} /mW
3DU55	5	45	0.5	2	10	850	30
3DU53	5	70	0.2	0.3	10	850	30
3DU100	20	6	0.05	0.5		850	50
3DU21		10	0.3	1	2	920	100
3DU31	50	20	0.3	2	10	900	150
3DUB13	20	70	0.1	0.5	0.5	850	200
3DUB23	20	70	0.1	1	1	850	200
3DU912A①	20	25	1	5	100	850	200
3DU912B	20	25	1	10	100	850	200

注：① 达林顿光敏三极管。

附表 3.10　常用通用光耦合器的主要参数

型　号	结构	正向压降 U_F/V	反向击穿电压 $U_{(BS)CED}$/V	饱和压降 $U_{CE(sat)}$/V	电流传输比 CTR/%	输入、输出间绝缘电压 U_{ISO}/V	上升、下降时间 t_r、t_f /μs	外形标志
TIL112	晶体管输出单光耦合器	1.5	20	0.5	2.0	1500	2.0	6脚DIP封装
TIL114		1.4	20	0.4	8.0	2500	5.0	
TIL124		1.4	30	0.4	10	5000	2.0	
TIL116		1.5	30	0.4	20	2500	5.0	
TIL117		1.4	30	0.4	50	2500	5.0	
4N27		1.5	30	0.5	10	1500	2.0	
4N26		1.5	30	0.5	20	1500	0.8	
4N35		1.5	30	0.3	100	3500	4.0	
TIL118	晶体管输出（无基极引脚）	1.5	20	0.5	10	1500	2.0	
TIL113	复合管输出	1.5	30	1.0	300	1500	300.0	
TIL127		1.5	30	1.0	300	1500	300.0	
TIL156		1.5	30	1.0	300	3535	300.0	
4N31		1.5	30	1.0	50	1500	2.0	
4N30		1.5	30	1.0	100	1500	2.0	
4N33		1.5	30	1.0	500	1500	2.0	
TIL119	复合管输出（无基极引脚）	1.5	30	1.0	300	1500	300.0	
TIL128		1.5	30	1.0	300	5000	300.0	
TIL157		1.5	30	1.0	300	3535	300.0	
T11AA1	交流输入晶体管输出单光耦合器	1.5	30	0.4	20	2500	—	
T11AA2		1.5	30	0.4	10	2500	—	

附表 3.11　常用 3CT、MCR、2N 系列晶闸管的主要参数

型　号	重复峰值电压 U_{DRM}、U_{RRM} /V	额定正向平均电流 I_F /A	维持电流 I_H /mA	通态平均电压 U_F /V	控制触发电压 U_G /V	控制触发电流 I_G /mA	外形标志
3CT021 ~ 3CT024	20 ~ 1000	0.1 0.2 0.3 0.5 1	0.4 ~ 20	≤1.5	≤1.5	0.01 ~ 10	TO-72
3CT031 ~ 3CT034			0.4 ~ 30			0.01 ~ 15	
3CT041 ~ 3CT044						0.01 ~ 20	
3CT051 ~ 3CT054			0.5 ~ 30	≤1.2	≤2	0.05 ~ 20	
3CT061 ~ 3CT064			0.8 ~ 30			0.01 ~ 30	
3CT101	50 ~ 1400	1 5 10 20 50	<50	≤1	≤2.5	3 ~ 30	TO-92
3CT103					≤3.5	5 ~ 70	TO-48
3CT104							TO-48
3CT105			< 100				TO-48
3CT107			< 200			8 ~ 150	YO-48
MCT102	25	0.8			0.8	0.2	TO-92
MCR103	50						
MCR100-3 ~ MCR100-8	100 ~ 800						
2N1595	50	1.6			3.0	10	TO-39
2N1596	100						
2N1597	200						
2N1598	300						
2N1599	400						
2N4441	50	8			1.5	30	TO-220
2N4442	200						
2N4443	400						
2N4444	600						

参考文献

[1]　张晓琴. 模拟电子技术应用及项目训练. 成都：西南交通大学出版社，
　　　　2009.

[2]　江晓安. 模拟电子技术. 3 版. 西安：西安电子科技大学出版社，2008.

[3]　华成英，童诗白. 模拟电子技术基础. 3 版. 北京：高等教育出版社，
　　　　2005.

[4]　周雪. 模拟电子技术. 2 版. 西安：西安电子科技大学出版社，2005.

[5]　周筱龙. 电子技术基础. 2 版. 北京：电子工业出版社，2006.

[6]　赵玉玲，周莉萍. 模拟电子技术及应用. 杭州：浙江大学出版社，2007.

[7]　元增民. 模拟电子技术（修订版）. 北京：清华大学出版社，2013.

[8]　查丽斌. 模拟电子技术. 北京：电子工业出版社，2013.

[9]　康华光. 电子技术基础模拟部分. 北京：高等教育出版社，2008.

[10]　高吉祥. 模拟电子技术. 3 版. 北京：电子工业出版社，2011.

[11]　李凤鸣. 模拟电子技术. 北京：清华大学出版社，2014.

[12]　高吉祥. 电子技术基础实验与课程设计. 北京：电子工业出版社，2005.

[13]　罗桂娥. 模拟电子技术. 北京：水利水电出版社，2014.

[14]　刘进峰. 电子制作实训. 北京：中国劳动社会保障出版社，2006.